————互联网实验室文库————

"互联网口述系列丛书"战略合作单位

浙江传媒学院

互联网与社会研究院

博客中国

国际互联网研究院

光荣与梦想

互联网口述系列丛书

方兴东 ◎ 主编
刘 伟 ◎ 执行主编

胡启恒 篇

电子工业出版社
Publishing House of Electronics Industry
北京·BEIJING

出版说明

"互联网口述历史"项目是由专业研究机构——互联网实验室,组织业界知名专家,对影响互联网发展的各个时期和各个关键节点的核心人物进行访谈,对这些人物的口述材料进行加工整理、研究提炼,以全方位展示互联网的发展历程和未来走向。人物涉及创业与商业,政府、安全与法律等相关领域,社会、思想与文化等层面。该项目把这些亲历者的口述内容作为我国互联网历史的原始素材,展示了互联网波澜壮阔的完整画卷。

今天奉献给各位读者的互联网口述系列丛书第一期的内容来源于"互联网口述历史"项目,主要挖掘了影响中国互联网发展的8位关键人物的口述历史资料和研究成果,包括《光荣与梦想:互联网口述系列丛书 钱华林篇》《光荣与梦想:互联网口述系列丛书 刘韵洁篇》《光荣与梦想:互联网口述系列丛书 许榕生篇》《光荣与梦想:互联网口述系列丛书 张朝阳篇》《光荣与梦想:互联网口述系列丛书 张树新篇》《光荣与梦想:互联网口述系列丛书 陆首群篇》《光荣与梦想:互联网口述系列丛书 胡启恒篇》《光荣与梦想:互联网口述系列丛书 田溯宁篇》。

"口述历史",简单地说,就是通过笔录、录音、录影等现代技术手段,记录历史事件当事人或者目击者的回忆而保存的口述凭证。"口述"作为一种全新的学术研究方法,尚处在"探索"阶段,目前尚未发现可供借鉴和参考的案例或样本。在本系列丛书的策划过程中,我们也曾与行业内的专家和学者们进行了多次的探讨和交流,尽量规避"口述"这种全新的研究方式存在的不足。与此同时,针对"口述"内容存在的口语化的特点,在本系列丛书的出版过程中,我们严格按照出版规范的要求最大限度地进行了调整和完善。但由于"口述体"这种特殊的表达方式,书中难免还存在诸多不当之处,恳请各位专家、学者多多指正,共同探讨"口述"这种全新的研究方法,通过总结和传承互联网文化,为中国互联网的发展贡献自己的力量。

"互联网口述系列丛书"编委会

学术委员会委员：

何德全　黄澄清　刘九如　卢　卫　倪光南
孙永革　田　涛　田溯宁　佟力强　王重鸣
汪丁丁　熊澄宇　许剑秋　郑永年
（按姓氏首字母排序）

主　　编：方兴东
执行主编：刘　伟
编　　委：范东升　王俊秀　徐玉蓉
　　　　　（按姓氏首字母排序）
策　　划：高忆宁　李宇泽
指导单位：北京市互联网信息办公室
执行单位：互联网实验室

学术支持单位：浙江传媒学院互联网与社会研究院
　　　　　　　汕头大学国际互联网研究院
　　　　　　　《现代传播（中国传媒大学学报）》
　　　　　　　北京师范大学新闻传播学院

丛书出版合作单位：博客中国
　　　　　　　　　电子工业出版社

"互联网口述系列丛书"工程执行团队

牵头执行：互联网实验室
总负责人：方兴东
采访人员：方兴东、钟布、赵婕
访谈联络：范媛媛、孙雪、张爱芹
摄影摄像：李宁、杜康乐
文字编辑：李宇泽、骆春燕、袁欢、索新怡
视频剪辑：杜运洪、李可
战略合作：高忆宁、马杰
出版联络：任喜霞、吴雪琴
研究支持：徐玉蓉、陈帅、宋谨谨
媒体宣传：于金琳、朱晓旋、张雅琪
技术支持：高宇峰、胡炳妍、唐启胤、魏海

总 序

为什么做"互联网口述历史"(OHI)[*]

方兴东

2019年是互联网诞生50周年,也是中国互联网全功能接入25年。如何全景式总结这波澜壮阔的50年,如何更好地面向下一个50年,这是"互联网口述历史"的初衷。

通过打造记录全球互联网全程的口述历史项目,为历史立言,为当代立志,为未来立心,一直是我个人的理

---

[*] 编者注:"互联网口述系列丛书"内容来源于"互联网口述历史"(OHI)项目。

想。而今,这一计划逐渐从梦想变成现实,初具轮廓。作为有幸全程见证、参与和研究中国互联网浪潮的一个充满书生意气的弄潮儿,我不知不觉把整个青春都献给了互联网。于是,我开始琢磨,如何做点更有价值的工作,不辜负这个时代。于是,2005年,"互联网口述历史"(OHI)开始萦绕在我心头。

我自己与互联网还是挺有缘分的。互联网诞生于1969年,那一年我也一同来到这个世界。1987年,我开始上大学,那一年,互联网以电子邮件的方式进入中国。1994年,我来到北京,那一年互联网正式进入中国,我有幸第一时间与它亲密接触。随后,自己从一位高校诗社社长转型为互联网人,全身心投入到为中国互联网发展摇旗呐喊的事业中。20多年的精彩纷呈尽收眼底。从20世纪90年代开始,到今天以及下一个10年,是所谓的互联网浪潮或者互联网革命的风暴中心,是最剧烈、最关键和最精彩的阶段。

但是,由于部分媒体的肤浅和浮躁,商业的功利与喧嚣,迄今,我们对改变中国及整个人类的互联网革命并没有恰如其分地呈现和认识。因为这场革命还在进程当中,我们现在需要做的并不是仓促地盖棺论定，也不是简单地总结或预测。对于这段刚刚发生的历史中的人与事、真实与细节，进行勤勤恳恳、扎扎实实的记录和挖掘，以及收集和积累更加丰富、全面的第一手史料，可能是更具历史价值和更富有意义的工作。

"互联网口述历史"仅仅局限在中国是不够的。不超越国界，没有全球视野，就无法理解互联网革命的真实面貌，就不符合人类共有的互联网精神。迄今整个人类互联网革命主要是由美国和中国联袂引领和推动完成的。到2017年底，全球网民达到40亿，互联网普及率达到50%。我们认为，互联网革命开始进入历史性的拐点：从以美国为中心的上半场（互联网全球化1.0），开始进入以中国为中心的下半场（互联网全球化2.0）。中美两国承前启后、前赴后继、各有所长、优势互补，将人类互联网新文明不断推向深入，惠及整个人类。无论存在何种摩擦和争端，在人类互联网革命的道路上，中美两国将别无选择地构建成为不可分割的利益共同体和命运共同体。所以，"互联网口述历史"将以中美两国为核心，先后推进、分步实施、相互促进、互为参照，绘就波澜壮阔的互联网浪潮的完整画卷。

在历史进程的重要关头，有一部分脱颖而出的人，他们没有错过时代赋予的关键时刻，依靠个人的特质和不懈的努力，做出了独特的贡献，创造了伟大的奇迹。他们是推动历史进程的代表人物，是凝聚时代变革的典范。聚焦和深入透视他们，可以更好地还原历史的精彩，展现人类独特的创造力。可以毫不夸张地说，这些人，就是推动中国从半农业半工业社会进入到信息社会的策动者和引领者，是推动整个人类从工业文明走向更高级的信息文明的功臣和英雄。他们的个人成就与时代所赋予的意义，将随着时间的推移，不断得以彰显和认可。他们身上体现的价值观和独特的精神气质，正是引领人类走向未来的最宝贵财富！

"互联网口述历史"自2007年开始尝试，经过十多年断断续续的摸索，总算雏形初现。整个计划的第一阶段成果分为两部分。一部分记录中国互联网发展全过程，参与口述总人数达到200人左右的规模。其中大致是：创业与商业层面约100人，他们是技术创新和商业创新的主力军，是绝对的主体，是互联网浪潮真正的缔造者；政府、安全与法律等相关层面约50人，他们是推动制度创新的主力军，是互联网浪潮最重要的支撑和基础；学术、社会、思想与文化等层面约50人，他们是推动社会各层面变革的出类拔萃者。另一部分是以美国为中心的全球互联网全记录，计划安排300人左右的规模。大致包括美国150人、欧洲50人、印度等其他国家100人。三类群体的分布也基本同上部分。第一阶段的目标是完成具有代表性的500人左右的口述历史。正是这个独特的群体，将人类从工业文明带入到了信息文明。可以说，他们是人类新文明的缔造者和引领者。

自2014年开始，我们开始频繁地去美国，在那里，得到了美国互联网企业家、院校和智库诸多专家学者的大力支持和广泛认可，全面启动全球"互联网口述历史"的访谈工作。目前，我们以每一个人4小时左右的口述为基础内容，未来我们希望能够不断更新和多次补充，使这项工程能够日积月累，描绘出整个人类向信息文明大迁移的全景图。

到2018年年中，我们初步完成国内170多人、国际150多人的口述，累计形成1000多万字的文字内容和超过1000小时的视频。这个规模大致超过了我们计划的一半。所谓万事开头难，有了这一半，我的心里开始有了底气。2018年开始，将以专题研究、图书出版以及多媒体视频等形式，陆续推向社会。希望在2019年互联网诞生50年之际，能够让整个计划完成第一阶段性目标。而第二阶段，我们将通过搭建的网络平台，面向全球动员和参与，并将该网络平台扩展成一个可持续发展的全球性平台。

通过各层面核心亲历者第一人称的口述，我们希望"互联网口述历史"工程能够成为全球互联网浪潮最全面、最丰富、最鲜活的第一手材料。为更好地记录互联网历史的全程提供多层次的素材，为后人更全面地研究互联网提供不可替代的参考。

启动口述历史项目，才明白这个工程的艰辛和浩大，需要无数人的支持和帮助，根本不是一个人所能够完成的。好在在此过程中，我们得到了各界一致的认可和支持，他们的肯定和赞赏是对我们最佳的激励。这是一项群体协作的集体工程，更是一项开放性的社会化工程。希望我们启动的这个项目，能汇聚更多的社会力量，最终能够越来越凸显价值与意义，能够成为中国对全球互联网所做的一点独特的贡献。

目录
CONTENTS

访谈者评述 /001

业界评述 /003

口述者肖像 /006

口述者简介 /007

壹 什么是"互联网精神" /012

贰 "0.7 分"的故事 /018

叁 需求催生的联网 /026

肆 联网的潘多拉魔盒 /037

伍 互联网进入中国的见证人 /045

陆 面临的问题是.CN 设在哪儿 /054

柒 垃圾堆旁的网络管理中心 /065
捌 仲裁委员会成立 /072
玖 他们都做了开创性贡献 /079
拾 给互联网一个健康的生态 /094

- 语录 /105
- 链接 /108
- 附录 /113
- 相关人物 /132
- 访谈手记 /133
- 其他照片 /138
- 人名索引 /144
- 参考资料(部分) /150
- 编后记1 /154
- 编后记2 /171
- 致谢 /200
- 互联网口述历史:人类新文明缔造者群像 /208
- 互联网实验室文库:21世纪的走向未来丛书 /226
- 注释 /231
- 项目资助名单 /243

访谈者评述

方兴东

作为一个学者,从胡启恒所获得的声誉和大家的认可来说,她应该是比较幸运的。与大多数非商业领域的人士相比,她抓住了很多机会,得到国内外同行的认可。目前胡启恒是系列采访中被访人得到荣誉最多的,但我觉得还是很不够的,因为那仅仅是学界、同行对她的认可,整个社会知道她的人、关注她的人非常有限。胡启恒做出的贡献,应该被更多人知晓。

最可贵的是,胡启恒对"互联网精神"有很深刻的理解。在价值观层面,胡启恒对互联网精神的原教旨领悟得非常透彻,而且坚持得很好。也许这是现在的状态，起初她对互联网不一定会有这么清晰的认识，但她的角度和视野确实不一样。

当年的很多事情，包括互联网的接入，胡启恒都是最早的接触者。她做的几件事，在整个中国互联网发展过程中起到非常关键的作用：第一个是CNNIC的组建，国家能够把运营服务器放在中科院，跟她的努力是密不可分的，这对中国互联网来说，是一件非常幸运的事情；第二个是互联网协会的成立，她对推动互联网治理方面和中国互联网与国际接轨方面做出了独特的贡献。

在整个中国互联网的发展中，正是因为有胡启恒这样的人，学者才有了一定的话语权和主导权。这些学者对于中国互联网的发展做出了巨大的贡献，值得我们所有人铭记。

业界评述

胡启恒院士在推动互联网进入中国、促进互联网在中国的创新发展方面做出了不懈努力。胡启恒院士是中国全功能接入国际互联网的领导者，也是中国参与国际化域名建设、全球互联网发展治理体系及管理政策制定等国际互联网事务的推动者，更是构建中国互联网谋发展、促自律、求平衡、共参与的生态环境体系的倡导者。她是中国互联网协会的创始人，是首位入选国际"互联网名人堂"的中国人，是我们这个时代的骄傲。

胡启恒院士虽已年近八旬，但她有互联网时代年轻人的心态，能够以开放的胸

邬贺铨
（中国工程院院士）

怀接受新生事物，善于发现互联网行业的创新之处并给予热情鼓励和呵护。尽管胡启恒学识渊博，但她仍孜孜不倦地学习，平等待人，循循善诱，尽力去化解互联网业界的一些纷争。她为中国互联网事业的发展做出了开拓性的贡献，投身于中国的互联网事业也让她永葆青春。

张朝阳
（搜狐董事局主席兼CEO）

在互联网大会上，一个熟悉的场景让我至今难忘，胡院士总是认真地用笔在本子上做着记录，虽然她是专家，但那种一丝不苟、发自内心的学习精神，会让很多年轻人看了都觉得不好意思。

胡院士是把中国互联网"扶上马，又送一程"的人。她倡议和创建的中国互联网协会，对于网络的健康发展起到了不可或缺的作用。她的精神也一直激励着我们这些互联网业中人。

这么多年来,在和胡院士接触的过程中,我深感她是一个坚持原则、正直而又单纯的人。如果有人不正当获利,侵犯网民的权益,她的态度会非常严厉。她洁身自好,恪守科学家的操守。此外,胡院士性格开朗,是一个乐观的老人,她笑起来非常可爱,像个孩子一样极富感染力。

口述者肖像

口述者简介

胡启恒，女，中国工程院院士。曾任中国科学院副院长，中国计算机学会理事长，中国自动化学会理事长；中国模式识别与人工智能领域最早的探索者之一；曾领导中国科学院开放性实验室"模式识别实验室"的建设，为中国发展模式识别学科做出了贡献。

1934 年 6 月

生于北京，籍贯陕西省榆林市。

1959 年，25 岁

毕业于苏联莫斯科化工机械学院工业自动化专业。

1963年,29岁

毕业于苏联莫斯科化工机械学院研究生部,获技术科学副博士学位。

1970年,36岁

负责并成功研制中国第一只电动假手。

1976年,42岁

组织研制成功中国第一台用于邮电部门信函自动分拣流水线的手写数字识别机。

1980年,46岁

应美国凯斯大学邀请,任电机与应用物理系访问教授,进行模式识别与人工智能决策规则和推断方法的研究。

1983—1989年,49~55岁

任中国科学院自动化研究所所长。

1984—1993年,50~59岁

任中国自动化学会理事长。

1985—1994年，51~60岁

任中国计算机学会理事长。

1986年，52岁

自动化所在胡启恒的领导下较早建立了我国的模式识别国家重点实验室。

1986—1996年，52~62岁

任中国科学院副院长。

1994年，60岁

当选为中国工程院院士。

1995年，61岁

当选为乌克兰国家科学院外籍院士。

1996年，62岁

担任中国互联网络信息中心（CNNIC）工作委员会主任委员。

2001年，67岁

再次被选为中国科学技术协会副主席。同年5月25日，在中国互联网协会成立大会上当选为第一届理事会理事长。

2002年，68岁

被聘为国家信息化咨询专家。

2013年，79岁

入选国际"互联网名人堂"，成为首位入选国际"互联网名人堂"的中国人。

胡启恒 篇

信息时代的人就该有信息时代的精神

访谈：　　方兴东
口述：　　胡启恒
整理：　　薛芳、刘伟
时间：2013年12月26日（09:00—11:30）
　　　2016年6月18日（09:30—11:40）
地点：北京市海淀区中关村知识产权大厦
　　　B座5层
文本修订：　　6次

光荣与梦想
互联网口述系列丛书
胡启恒篇

什么是"互联网精神"

您的经历令人非常羡慕,从计算机学会[1]到CNNIC[2],再到互联网协会[3]及互联网进入中国的早期,您都发挥了至关重要的作用。中国互联网最初有这么多部门在管,可以和我们分享一下它的管理机制是怎么形成的吗?

* * *

使我感到骄傲的一件事就是,中国互联网的发展与互联网蔓延到全球的过程,基本上是一致的,主要驱动力是自下而上的科技界自发形成的首创精神,而且形成了多方治理结构。到后来2003年、2005年召开WSIS[4]的时候,整个世界就非常强调互联网的治理要靠一个"多利益相关方"。我们在早期建立CNNIC工作委员会的时候,就体现了多利益相关方的治理理念,而那个工作委员会的建立,主要是我倡议的。

中国互联网最初的管理雏形是一种制度创新,虽然没有达到理想状态,但这对中国互联网的发展是至关重要的。上次科学院科学伦理委员会让我谈"互联网精神",我觉得很好。过去总是讲互联网故事,故事讲得太多了,我觉得我们现在更应该关注互联网的精神。因为互联网物质上的强大,已经是人人都认可的了,这个行业太大了,而且它在经济方面的能量,是无可比拟的,但是互联网精神目前关注的人还太少。

什么是互联网精神?它有它的基因,这是互联网与生俱来的。我感到高兴的是互联网到了中国,在跟它的原始基因的发展环境差距这么大的一个环境里，居然还保留了它的原始气质。我真是因此感到骄傲。

我觉得互联网精神在"互联网名人堂"[5]上有所体现。26岁的美国人亚伦·斯沃茨[6]是上吊自杀的。2013年6月，亚伦·斯沃茨被追授进入"互联网名人堂"[7]。

亚伦·斯沃茨当初是违犯了《知识产权法》的，当他从律师那儿得知他有可能被判100万美元的罚款、35年的监禁后，他就上吊自杀了。这个26岁的年轻人才华横溢，对互联网有很多贡献，可是就这样结束了自己的生命。"互联网名人堂"追认了他，这是互联网精神的一种体现。这并不是认可他的全部作为，他的确违法了，但是他那种追求未来、面向未来和造福全人类的精神属于互联网的精神，互联网是属于未来的。**我认为这种精神应该倡导，有不少中国人现在已经忘记什么是高尚的精神了，总是金钱至上，但是我觉得互联网可以独树一帜，应该把精神的问题提到一个相**

当的高度。上次我在科学院做报告，就讲了亚伦·斯沃茨的故事，虽然这个年轻人死得很可惜，但是他的精神流传了下来。

他死后不久，谷歌就胜诉了。谷歌和美国作家协会（Authors Guild）的官司打了8年，最终联邦法院判谷歌胜诉。因为谷歌想要扫描图书，不是为了销售，而是为了实现早先的理想[8]。互联网是为每个人服务的，亚伦·斯沃茨认为应该把所有的书都扫描下来放到一个数字图书馆里，让全世界的人不花钱就可以看。当然，这里的"看"不是说看书中的每个字，而是作为一个索引，用户能知道这本书在哪儿可以找到、在哪儿可以买到。亚伦·斯沃茨就是想让每个人都可以通过互联网数字图书馆找到书，但是他未经许可扫描有版权的图书的行为，违犯了当时美国的知识产权法。

他就是做这件事做得太早了，有点儿乌托邦了，但是这种精神我认为是要倡导的。后来美国联邦法院判谷歌胜诉这件事值得大家思考。**我们不要惯性地站在发展的对立面，而是要给为了未来努力的人开辟一条路。**

我觉得与互联网有关的组织，包括互联网协会、互联网实验室[9]，都应该大力地宣传互联网精神。

互联网的创新和其他的创新不一样，其他创新往往是一个技术，而互联网的创新开创了一个时代，跟精神是有关系的，信息时代的人就应该有信息时代的精神。比如，你在网上侵犯别人的隐私，暴露别人的照片，这就不符合信息时代的精神与道德标准。因为信息时代每个人都有了强大的力量，可以把一件事立刻告诉全世界的人。如果不遵守这个道德规范，那他人可能会受到严重的伤害，这样不但侵犯了个人的权利，而且威胁到了国家的安全。所以这个"道德"和"精神"一定要随着技术的发展提升。

光荣与梦想
互联网口述系列丛书

胡启恒篇

"0.7分"的故事

贰 "0.7 分"的故事

虽说时势造英雄,但个人在其中的作用也不能忽视,您能谈谈您个人的经历吗?

* * *

我不是第一届计算机学会的成员,计算机学会很早就建立了。当时让我做计算机学会的理事长,多少有一些行政管理的烙印。因为那个时候所有学会都要有挂靠单位,计算机学会挂靠在计算所[10],计算所的上级领导机构是科学院[11]。我当时是主管计算机领域的,但我不愿意去计算机学会,因为我不是学计算机的,也没做过计算机,我感觉自己无法胜任理事长一职。但当时科学院的老院长跟我说,这个学会很重要,又挂靠在科学院,我只好勉为其难地接受了。

组建中国互联网协会的时候,我还是科协[12]的副主席。

如果一开始是别的部门来负责引进互联网,那结果可能完全不一样。您怎么看待这种偶然性?

* * *

如果把互联网引进来这件事交给某一个政府部门,我相信他们和我的做法可能会不一样。

这个偶然性,我最近倒是回忆了一下。说起当时我们做这个事情的起因,当然离不开NCFC[13],当时发改委已经定下来这个项目,让科学院和清华大学、北京大学三家来投标,我的任务就是组织队伍去投标。

贰 "0.7分"的故事

当时我组织了几个非常有能力的人,专门找了一个地方,研究怎么样能把标书写好。我们写完了这个标书就投标了,不过,投标过程我没有参加。

招标、评标的时候,我们的分数只比清华和北大多了0.7分。当时我很紧张,觉得现在中国很讲究关系,我们要是比人家多一点还好,可是就只多0.7分,这0.7分很容易就被抹掉了。我就赶紧去找计委的副主任张寿[14],我说:"张寿同志,我们这个招标可是在你计委主持下进行的,这个招标分数算不算?我认为应该是分数面前人人平等,有人要是来找你说情你可不能动摇。"张寿让我放心,他说分数面前人人平等。听到他这句话我就放心了。后来NCFC的建设是由科学院来主导的。

我后来向周光召[15]院长汇报,说我们组织了很多人,关起门来干了很长的时间,很辛苦,最后我们胜出了,但是胜得不多,只有0.7分。

这个项目如果是由清华大学或者其他学校主导的话，我想我也会来做这件事，因为当时科技界对互联网的需求确实非常迫切，这个需求是从科学家的层面来说的。比如我们科学院的高能物理所跟西欧核电子研究中心（CERN）有高能物理方面的合作。正负电子对撞机北京谱仪[16]记录下来的数据是海量的，但是这些数据要通过 X.25[17]交换到西欧核电子研究中心，相当于一种打长途电话的费用。费用很高，几乎所有的科研经费都用在交换数据上了。所以，科技界非常迫切地想实现计算机直接联网。

1993 年我们完成了世界银行贷款项目[18]，三个校园网，清华、北大、科学院校园网都完成了，主干网也连上了，就等候验收了。这个时候，我们就提出了要联网的需求。我当时是 NCFC 项目管委会主持人，管委会是由国家计委和科学院合力促成的。

回想起来，我还要感谢教委的领导，因为当时科学院就多0.7分。我们牵头,清华、北大必定是非常不服气的,在这种情况下,我的想法是一定要把大家团结在一起,千万不能产生冲突。作为科学院,我们一定得承认清华、北大的强大,承认他们的优秀,所以我对他们非常尊敬,一个一个地拜访。在成立NCFC管委会之前,我去拜访过教委主任朱开轩[19]。他让我放心,虽然清华、北大没有中标,心情确实不好,但他们会顾全大局,一定会尊重牵头单位。科学院的责任很大,要对国家计委负责,要对世界银行这笔贷款负责,所以让我放手干,管委会决定了就干,不必事事来教委汇报。这对我真是一个及时雨般的支持了。因为这个项目本来是跨部门的项目,是科学院和教委两个正部级单位之间的事情,要讨论NCFC的工作怎么做、钱怎么用等,如果要在两个部门之间周旋,合作就会很困难,效率很低。所以,朱开轩主任授权NCFC管委会跟进这个项目有关的事情,是对我们牵头单位最大的支持。这个项目当时有经费420万美元、500万元人民币,加在一块是5000万元人民币。这在当时是很大的一笔钱,虽然现在看起来微不足道。

然后,我又去拜访了两个大学的副校长。清华大学参加管委会的是梁尤能[20]副校长,他让我不要有顾虑,他们一定会在管委会里团结合作,和大家一起把这任务搞好。清华的校长给我这样的表态,我就放心了。北大计算机中心的主任当时是张兴华[21],他的态度也是如此。所以后来 NCFC 进展得一直非常顺利,大家团结合作,非常愉快,没有任何矛盾、冲突、摩擦。虽然很多事情有不同的意见,但是我们都能够摆在桌面上来公开讨论。我们的财务是完全公开的,每次开管委会,我都会把财务报表拿出来先念,钱怎么用都向大家报告。因为项目经费后来就依托在科学院,由科学院监管的。事情都是大家商量一起办,因为这个项目不仅牵涉三个单位——科学院、清华、北大,还牵

贰 "0.7 分"的故事

涉发改委、科技部、教育部,以及自然科学基金会。这么多的单位,每个单位都有一位代表,一开会至少有七八个人到场。我们这个管委会虽然级别不高,但是很民主、很公开,这是合作的基础。

光荣与梦想
互联网口述系列丛书

胡启恒篇

需求催生的联网

叁 需求催生的联网

当时经费主要是世界银行拨的贷款吗?

* * *

世界银行拨款 420 万美元,这 420 万美元相当于计委借了世界银行的钱,然后由计委去还,用于几个高校超级计算机的资源共享。因为当时计委接到很多报告,清华大学、北京大学等很多学校都提出了买计算机的要求,所以计委干脆拨一部分钱,再向世界银行借一部分钱,买一个大机器,然后各个学校都可以联网,共用这个机器。这想法是对的,所以这个方法非常好。

但是计委想的就是要买一个大机器,而不是让我们把这网连出去。所以,当时主要的任务书中,根本没有涉及国际联网,只是说连到一个计算中心。可是当时我们买这个大机器受阻,因为"巴黎统筹会"不肯卖给我们高性能的计算机,但是技术队伍不能停下来等着做工程。那怎么办呢?我们就想到让大家都同意国际联网。国家计委、国家科委、自然科学基金会、科学院都派代表,另外还有高技术局里的一个代表宁玉田[22],一共是十个人,大家一讨论,没有任何异议,都认为应该国际联网。这些人也都是基层的领导,他们都同意。

可是任务书上没有指示,也没有钱,原本的5000万要用来做原来任务书上的任务,不能用于国际联网。任务书上没有这任务,那就得自己出钱。科委非常慷慨,当时的司长是冀复生[23],他率先提出他们大概可以出 300 万元。自然科学基金会当时第一任代表是师昌绪[24]先生，中途又换成了陈佳洱[25]先生，他们表示自然科学基金会可以出资大约 200 万元。后来我说，剩下不够的都由科学院兜底。

相当于这笔钱是自筹的，不是原来的项目经费。后来我就去跟邮电部商量，跟他们说不能要双倍的钱，他们说，要是两个学校跟科学院共用这条线，等于科学院转租了自己的信道，那就应该收双倍。我说，我们不营利啊。他说，那也不行，按照他们的规定就是这样。我去找邮电部朱高峰[26]副部长，大约找了两次，朱高峰副部长还是很开明的，后来他还是破例为我们开放了。

也就是说，邮电部给这个计算机网络用的信道，跟它原来规定的不一致。这就反映了，我们政府底层的官员，从底层提出问题，然后自下而上解决问题的行事作风。

互联网就这么连通了吗？当时如果需要政府部门同意的话，是哪里，计委吗？邮电部就根据项目的这个名义参与到互联网的建设中了，是吧？

* * *

假如美国没有设置障碍的话，可能就不需要哪个部门批准了。如果美国对我们很开放，让我们直接进了，那我可能哪个部门都不会报。但是那个时候因为美国设置了障碍，所以当时我们求助了很多专家，其中就有美国科学院的院长。我现在还能找到他当时给我写的信，那是用纸写的信，当时还没有电子邮件。他是美国科学院的副院长，又是美国很活跃的一个社会活动家。我问他能否帮我们说点话，我们现在要进主干网，美国政府不同意。他说他们已经做了很大的努力，还在继续努力。当时美国国家科学基金会负责网络国际合作的斯蒂芬·戈德斯坦[27]来的信，也是这样说。他说他们已经做了很多的努力，但确实存在一些技术以外的障碍,所以他们还在努力。

我们这边的技术带头人和团队的领军人就是钱华林[28],是科学院网络信息中心的教授。钱华林告诉我,现在技术上需要解决的问题都解决了,就是美国的政策不开放。后来我一想,这个问题可能真的就卡在技术以外的障碍上了。怎么打破这障碍呢?要是我去找美国官方沟通,没有自己的政府做后盾,我觉得不太好。于是我就跟周光召院长说,咱们科学院可能得打一个报告,总得有国家在背后支持才可以。院长同意了,我们就赶紧起草了一个给国务院的报告。那是在3月底,我们要求加入世界的互联网。当时是写给主管科技的国务委员宋健[29]。

报告送到宋健手上,宋健就批了。我们在报告中表明互联网是科技进步必不可少的,我们要参与国际合作,就一定要接通互联网。宋健批得很简单,就是拟同意科学院意见,请邹家华同志阅视。邹家华批得比较详细,他表示,科学院的意见看起来是对的,但是,这样做了以后,安全上会带来一些问题,希望科学院要跟有关部门认真地研究解决这个问题。

他们当时批得非常快,3月下旬就批下来了。恰好我那年4月10日要启程去美国参加中美科技合作联委会[30],关于中美双方的合作[31]里很多的内容都涉及重大的科学工程,与科学院有密切关系。跟美国之间的合作,每两年要开一次联委会,双方有关的行政机构在一块儿碰头、协调,中国和美国轮流举行。两国与会的人员大多来自科技部、环境保护部等,中国科学院也参加,还有一些美国的政府官员。那一年是在美国,当时科学院院长有别的事,他要我代表他去参加,我一想这个会就在华盛顿开,这是一个绝好的机会。

1994年4月中旬,中美科技合作的例会在华盛顿召开。我利用开会以外的时间,先找了美国国家科学基金会的主任尼尔·莱恩[32],因为尼尔·莱恩来过中国访问，我们都认识。我跟他打了招呼，他说这个事要找斯蒂芬·沃夫[33]，斯蒂芬·沃夫是国家科学基金会负责国际合作的。当时好像斯蒂芬·沃夫没有在华盛顿，后来我们就找了斯蒂芬·戈德斯坦，他是管网络国际合作的，尼尔·莱恩主任也在场。然后我就跟他介绍了NCFC，说明我们需要互联网。然后，尼尔·莱恩说可以啊，我们可以达成一个共识，同意NCFC接入他们的主干网。我问需不需要跟他签署一个文件，他说不需要。

这个过程很简单，没有签署任何文件，就是口头达成了共识。后来很快，钱华林给我打电话告诉我：通了！

听到这个消息，我很高兴。我们当时的想法是只要通了就好，没想过要庆祝，也没有任何的仪式。我觉得这是很务实的一件事，这个事儿办好了，我就放心了。

后来这件事情被某个媒体报道，说在 1994 年 4 月，胡启恒将互联网连接问题带到中美科技合作例会上讨论并通过，其实完全不是这么回事。这两件事是没关系的，只是正好发生在同一时间。

1987 年中国发出了"跨越长城，走向世界"的电子邮件，这封邮件的发出得到了德国的维纳·措恩[34]教授的帮助。措恩教授在 2007 年举办了一个会，专门纪念 1987 年的这封邮件。会上他邀请了美国的斯蒂芬·沃夫，还有最早把欧洲的网连到美国的那些人，还请了我。这个会是德国人举办的，不是中国举办的，你说怪不怪？

当时，我们在一起谈这件事，欧洲的一些元老都觉得挺有意思的，我就跟他们讲当时尼尔·莱恩是如何支持我的。斯蒂芬·沃夫说，当时他就是主管这件事的，他当时的态度是，如果政府说不能连，那他们就不连；只要政府没说不许连，他就假装没看见，就让我都连上。后来可能尼尔·莱恩给他一个消息，说这个可以连，他就连了。

尼尔·莱恩当时为什么会允许连网呢？这个没有人告诉我，我自己认为，可能跟当时美国互联网正处于商业化的前夜有关系。美国互联网分三段：第一段，在最起步的时候，是国防部主管；当它发展到一定阶段了，就交由管科技的 NSF[35]来管；然后等到发展得更强大了，要商业化了，就交给商务部来管。**1994 年，我虽然不知道，但是尼尔·莱恩一定知道，他的国家科学基金会管互联网已经管不了多久了，马上要移交给商务部了，何不让中国科学院进来呢？等到商业化以后，科学院通过公司的关系也总会进来的，还不如现在就让我们进来，所以他就同意了。**这是一个背景，就是说，我们当时去的正是时候。

中美科技合作例会挺有意思的，这件事让大家都很开心，之前互联网都是一些科学家自己用来通信、搞科研的科学家内部网，现在变的全世界都在用，而且这么重要，大家都特别开心。

2007年9月,波茨坦、胡启恒与欧洲和美国一些曾推动互联网早期发展的专家们合影(自左至右:美国国家科学基金会互联网国际合作部主任斯蒂芬·沃夫,他是1994年支持中国接入互联网的美方负责人;CSNET 共同奠基人 Landweber;胡启恒;德国的维纳·措恩教授,曾帮助中国发出1987年"跨越长城,走向世界"的电子邮件)。

(供图:胡启恒)

光荣与梦想
互联网口述系列丛书
胡启恒篇

联网的潘多拉魔盒

4月20日那天还有没有发生其他有趣的故事？

* * *

开通互联网过程中最生动的故事，是关于科学院网络信息中心的一个小工程师李俊[36]的，他当时是个博士生，很年轻。

李俊19日晚上在机房里值班。值班的时候不能睡觉，他就在这机器上玩，玩着玩着忽然发现跟美国的服务器接通了。这个地方是他们很多次想要接通却始终接通不了的，一直呼叫那个服务器，但就是没回应。但是他19日晚上发现成功了，于是就赶快进主干网看看，先不打电话报告上司，先玩会儿再说。这是他自己说的。

那是 19 日晚上，李俊进入美国的主干网了，跟美国的服务器接通了，所以他高兴极了。第二天也就是 20 日，钱华林才知道，然后钱华林告诉了我。听到这个消息我也很高兴，不过当时应该是没有障碍了，因为技术问题钱华林早就解决了。

科学院曾经拍了一个片子叫《网络中国》，分为上、中、下三集，其中就有李俊的这个故事的镜头，很生动。

所以当时接入互联网的目的也比较纯粹，就是搞科研，但接入进来以后就发生了一些变化，是吧？

* * *

这个互联网是个"妖精"，它进来就变形了，开始进来的时候是用来搞科研的，后来就变得无所不在了。这就像瓶子里面那妖精已经出来了，你再让它回去，它不回去了。

当时我们找邮电部,需要它提供国际联网这条线。邮电部在沙河有一个天线,通过邮电部的卫星通信线,我们的信息才可以传送。那时中美之间没有海底缆,所以要租用邮电部在沙河的天线,然后传送。卫星传输这条线我们要租用,而且要得到邮电部的许可,因为它是国家授权管理的,没有授权的话,就是给钱也不能用。

就像我之前提到的一样,我后来跟邮电部谈了好几次,最后朱高峰副部长帮了忙。现在我每次想到这件事,还是非常感谢他。

肆 联网的潘多拉魔盒

您亲身参与互联网的建设并一直关注中国互联网的发展,除了最初那些曲折的故事,还有哪些记忆比较深刻的事情?[37]

* * *

我对互联网最早的印象,与一个农民的女儿杨晓霞得的一种怪病有关。这个女孩的手指头、脚指头都烂了,发黑,然后慢慢烂,在农村没有人知道这是什么病,送到北京也还是不知道。那时我们没有全面接入互联网,后来北大有个学生就把这件事通过电子邮件一站一站地发到了德国的一所大学,那所大学有一个外国朋友帮忙把这个消息广播至整个互联网,公开在互联网上说"中国求救",很短的时间就有几千条消息过来。后来根据互联网提供的线索,有关人员确定这个女孩是农药的金属铊中毒,这个孩子的命就保住了。我这才知道互联网有这么大的威力,可以让全世界的普通人都能够在一起沟通。所以这真是个好东西,我们一定要为它摇旗呐喊，于是我开始为互联网"站台"、为互联网摇旗呐喊。2002年，我们在上海举办了全世界的互联网大会，那次我们非常高兴，我在大会的晚宴上讲了这个故事。我说中国人最早知道互联网就是因为这个农民的孩子，有了互联网这个孩子才得救，我们从那个时候就爱上了互联网。宴会过程中有一些外国朋友跑过来跟我聊天说："你说的那个故事我们国家也发生过，一个人遇到灾难求助的时候最好的办法就是互联网，专家都会聚拢来帮助。"我觉得这是印象最深刻的，互联网能够给人们带来那么大的好处。

我不止一次被互联网发明人之一的温特·瑟夫[38]所感动。我们第一次见面时，他就问我："胡女士，请你告诉我互联网对中国的普通老百姓有什么用吗？"他诚恳得像个孩子，我给他讲了一些故事，比如农民怎么通过互联网卖菜、卖茶叶等。他听了之后，脸上展现出的那种欣慰的笑容让我终生难忘。[39]

肆 联网的潘多拉魔盒

一位志愿者小楷抄写《啊，互联网，你这个精灵》，这是胡启恒在互联网进入中国 20 年时所写的一篇散文。

（供图：胡启恒）

2009年8月,互联网缔造者之一温特·瑟夫来北京参加未来互联网论坛时,胡启恒与他交谈、合影。

(供图:胡启恒)

光荣与梦想
互联网口述系列丛书

胡启恒篇

互联网进入中国的见证人

您觉得应该如何评价中科院这些人，包括钱华林，在中国互联网的发展中所起到的作用？

* * *

我觉得我们是一个团队，各人干好各人的事，我负责上层的关系协调，例如保证 NCFC 几个单位和平共处、必要时去和美国相关机构沟通接洽。所以，后来当有人夸奖我做得真不错的时候，我说我也不过就是"在其位、谋其政"，该我做的事我都好好做了，没有因为我的糊涂而丧失时机。他们呢，也是各司其职，因为钱华林是我们 NCFC 的，在技术团队里，他是一个带头的，所以这也是他该做的。我们是互联网进入中国的第一批见证人，亲自参与了将互联网引入中国的过程，我觉得这样说是比较客观的，而且不张扬。

钱华林教授在 2014 年也入选了国际"互联网名人堂"。

王运丰[40]那个事情[41]，和我们后来做这些事没有一点关联，实际上是两件事情。当时王运丰是另外一头，科学院这些人其实并不知道王运丰这个人。王运丰是当时兵器部计算所的人，他们想连网，同样是出于自己的需要。

然后他们找了一个合作者是德国卡尔斯鲁厄大学[42]的措恩教授，他当时为我们中国早期的互联网建设做了很多的工作，我认为不能因为他们这个团队与我们没有关联而忽视了他们的贡献。所以，我现在正在为这位德国教授以科学院名义申请一个奖项，叫"国际合作奖"。我认为这位教授体现了一个科学家、一个工程师的良心，就是他要帮助中国。他的确做了很多工作，特别是在后来叫北方计算中心、王运丰老先生工作的那个地方。

2007年9月,波茨坦,胡启恒代表中国互联网界向德国维纳·措恩教授赠送奖牌,感谢他为促进中国互联网早期发展所做的贡献。

(供图:胡启恒)

措恩教授派人来给我看了一个视频。视频中他带队伍到中国来,半夜跟计算所的人一块儿开夜车,而且中国的 PC[43] 不能跟德国的服务器沟通,这位德国教授就从德国把他的计算机拿到中国来用,然后想了各

伍 互联网进入中国的见证人

种办法，克服技术上的障碍，最后连通了。之后，他们就发了"跨越长城，走向世界"那封邮件。邮件署名是以王运丰为首的七个人。这件事情发生在1987年，可是科学院的高能所在1986年已经发过第一封电子邮件。

当时科学院这个电子邮件是谁发的呢？是吴为民[44]。他发的电子邮件，只是跟CERN[45]讨论怎么交换数据，没有想到来一个什么"跨越长城，走向世界"。所以，后来互联网协会征求网民的意见，说"我们中国网民文化节放在哪一天"的时候，网民们就不约而同地说9月14日，就是"跨越长城，走向世界"这封邮件发送的时间，而不是1986年。1986年那封邮件没有什么社会影响，它只是讨论科学的事。

我第一次见措恩教授是在2003年。那年我也参加了WSIS，开会的时候，其中有一个专题会，就是有一个小会场。我一看这个会议日程上有德国措恩教授的报告，他做报告的题目就是"互联网在中国的早期发展",我就去听了,但他讲的事我一点儿都不知道。后来等到会后我就去找他,我说我是从中国来的,我听到你讲的故事,我非常感兴趣,但是说实话,你讲的这事我一点都不知道,我说我得回去找有关的人再了解一下,然后跟你联系。我们就交换了通信方式。我回来以后,把这事交给CNNIC的一个人,让这个人去了解这件事。他了解清楚以后,告诉我是怎么回事,但是那时候王运丰已经故世了。

王运丰手下有一个工程师叫钱天白[46],当时是王运丰老教授领导的团队里面比较年轻的一个。钱天白当时是兵器部的,负责辅助王运丰。王运丰老先生是从德国留学回来的,所以他们跟德国人有合作。在国际互联网注册.CN[47]的时候,王运丰就派钱天白代表中国去参加,而这些事我们都不知道,他去登记可能是在1994年之前吧。1994年我们开始做CNNIC的工作后,我们认识了钱天白,后来又知道了王运丰,知道了他有这么大一个团队。但那个时候,这个研究所出于各种原因,是不太活跃的一个单位。所以,后来我就跟钱天白合作了，因为钱天白这个人也很好。钱华林、钱天白就是"二钱"，一个是行政联络员，一个是技术联络员。我把钱天白请来跟我们一起合作，钱天白当时表示他愿意来，愿意跟我们合作。大家合作都很愉快，一起邀请有关专家共同讨论建立中国的域名体系，只是可惜后来不久钱天白就去世了。

您跟钱天白见过几次面？可以大概讲讲，钱天白是怎样一个人吗？

* * *

见过很多次，我还跟钱天白一起出国一次。

钱天白在兵器部，兵器部对外交往不太方便，他跟着王运丰，是中国在国际互联网的联络员。钱天白接触的美国机构是有接口的，所以我问他愿不愿意参加我们这边的工作，他说他愿意。

后来我们制定中国的域名体系，都是钱华林、钱天白领导的。钱天白对我们的帮助就是他在美国有接口，我们对他的帮助就是我们得到了政府的认可，所以他在我们这儿可以很自然地把他的资源提供给全国。钱天白跟我们科学院的一些科技人员差不多，是一个网络工程师，那个时候他大概是40多岁。我们合作得很愉快。

1994年我们把服务器从德国移回来，这是在钱天白的帮助下实现的。因为那个服务器在德国，我们有了钱天白的帮助，去找这个德国的教授就很方便，然后就把这个服务器挪回中国了。

2005年2月18日,日内瓦,联合国互联网管理工作组(Working Group on Internet Governance, WGIG)第二次会议(前排居中的是WGIG 执行协调员 Markus Kummer,他的右后方是原联合国秘书长安南的特别助理和WGIG组长 Nitin Desai,胡启恒在前排左二)。

(供图:胡启恒)

光荣与梦想
互联网口述系列丛书

胡启恒篇

面临的问题是.CN设在哪儿

您的作用很重要,上下都要协调好,您可以给我们分享一些经验吗?

* * *

做事情最怕互相争斗,如果互相争斗,什么事也干不成。我特别感谢当时 NCFC 管委会的那些人,我觉得他们真是太好了,都非常支持我,一起合作、共事,都是想做事的人,非常好。

做这些事,没有什么特殊的原因,我就是"在其位、谋其政",是我该做的。但是怎么做,那就跟我本人的认识有关系了。我的观念就是主张团结合作,不想压别人一头,也不想控制所有的人。

我是比较容易跟人合作的,因为我这个人不太计较自己的地位,**我也不太计较是不是大家都得听我的。**

我觉得如果大家都听我的,那太可怕了,万一我没想出什么好主意,怎么办?最好是大家都说话,大家都出主意,那事情就好办了。

2013年8月3日,柏林,胡启恒与1994年中国进入互联网直接有关的两位美国人合影。图片中左为斯蒂芬·戈德斯坦,右为斯蒂芬·沃夫。

(供图:胡启恒)

2013年8月3日,照片自左至右:Lynn Amour,世界互联网协会ISOC的CEO;斯蒂芬·戈德斯坦,1994年主管互联网国际合作,他是完成中国接入的美方的直接执行者;胡启恒。

(供图:胡启恒)

那次去"互联网名人堂",我也很高兴。我见了斯蒂芬·戈德斯坦和斯蒂芬·沃夫,不过没看见他们当时的主任,就看见当时具体管网络的这两个人,还有温特·瑟夫,他来华好多次了。我不知道参加那个会的具体人数，可能有不少吧。2013年被新录入的是35个[48]，以前被录入的也有来参加的，2013年被录入的也有没来的，有个别是因为去世了，派了代表，也有的是有事没来。反正人不少，很热闹，大家见了面，挺亲切的，因为互联网把我们联系在一起，大家都很有默契，心意相通，见面都非常高兴。

2013年8月3日，柏林，在国际互联网协会ISOC"互联网名人堂"颁奖大会上，胡启恒发表感言。

（供图：胡启恒）

陆 面临的问题是.CN设在哪儿

2013年8月3日,柏林,国际互联网协会ISOC"互联网名人堂"入选者合影。

(供图:胡启恒)

他们这些科学家,在当时也都非常希望中国能进来;中国毕竟是那么大一个国家,而且我们在科技界的形象还不错,人家认为我们中国科学院有一帮认真做学问的人,所以国际上的好朋友很多。我一方面联络这些学校,我们团结共事;另一方面,我也在考虑将互联网引进来以后,把.CN设在什么地方的问题。

2013年，ISOC颁发给胡启恒的纪念章。

（供图：胡启恒）

这个问题应该由大家讨论决定，不是理所当然就放在科学院，所以我跟科学院那些人说，我们一定要好好争取，要做好工作。他们就认真地去研究这个域名怎么管，做了很多技术上的准备。这个时候钱华林做了很多外交方面的工作，因为他对国际上的这些组织比较熟悉。APNIC[49]是负责分配亚太区 IP 地址的，钱华林就出主意，把 APNIC 管理 IP 地址的人请到中国来。因为我知道，.CN服务器到底设在哪儿，比如设在邮电部，还是设在清华，还是设在科学院，最后要报告APNIC，然后APNIC才能把根服务器上面中国.CN的服务器地址、IP地址确定下来，这个物理位置、地理位置在哪里也就确定了。

当时APNIC负责这事的那个年轻人叫戴维。我问，如果我要向他报告，什么样的情况他才能认可。他说："很简单，你报告给我，我可以承认，前提是必须在中国范围内没有人提出异议。如果有人提出异议跟你抢，那我就不能承认你了；如果没人跟你抢，那就是确定的了。"互联网的管理当时就是这样，非常民主，不一定非得有政府的批文。APNIC不看政府批文，也不管你是谁，你说有条件，APNIC首先看你是不是有这个条件，技术上是不是做得到，如果你技术上有条件，然后确实没有人挑战你，你提了申请以后，APNIC认为你行，中国也没有人认为你不行，那就可以了。

后来我一想，我那个时候要想说服别人，说这个东西就要放在科学院,也是很难的。但是我觉得科学院的队伍确实不错。科学院当时有很大一块地方,主要是搞计算机,叫计算中心。从 1994 年到 1997 年,我做的另一件事,就是把科学院的一个计算中心重组了,变成了以网络服务为核心的所。计算中心是上一个时代的产物,就是科学院买个大机器,各个所共用,要算题的时候大家都跑到科学院计算中心来。在我们引进互联网后,我们已经意识到,之前的计算中心过时了,以后的共享机器就会通过网络来共享了。但是没有网络的话,怎么能共用?所以,后来我们科学院党组就同意了我的意见,说应该调整。这个意见也不是我一个人的,是下面,包括局一级的,大家一起商量,都同意把这个计算中心改组,建立中国科学院计算机网络信息中心(CNIC)[50]。这个改组的工作,在 1994 年到 1997 年就完成了。这个调整是很复杂的:一个旧单位里面有很多老人,他们的退休工资问题,房子与人员怎么分配的问题……总而言之,人事方面的事项很复杂。

陆 面临的问题是.CN设在哪儿

那时候,宁玉田给我推荐毛伟[51]。我还问宁玉田,我说这个人这么年轻,行吗?他说行。毛伟担任CNIC的主任时只有30多岁,他是钱华林的学生。我当时一点儿都不了解毛伟,完全是宁玉田给我推荐的,后来觉着毛伟还真行。他虽然年轻,但很稳重,做事情一步一个脚印,最后就带领一帮年轻人,把中国互联网络信息中心(CNNIC)这条路走通了,而且在几年之内使得CNNIC赶上了别的国家。我们CNNIC的管理水平,硬件、软件管理制度和开发的一些新的服务项目,水平都非常高。

CNIC是科学院建立的一个所,在这个所的基础上,我们把CNNIC的功能放在这儿,我说这个任务就交给他们了,让他们想办法建一个班子,负责CNNIC。毛伟就领头组建了一个非常年轻的班子,很多年轻人都是新招的,他们主管CNNIC,CNNIC等于依托在科学院CNIC的平台上。

我们就这样组建了一个很年轻的队伍,然后我专门把他们集中起来,跟他们讲的最主要的一条,就是他们不是科学院的一个随便的研究所,不是以研究为核心,而是以服务为核心的,而服务的对象就是网络,这个网络就是互联网;他们需要研究的问题,也主要是围绕服务的。所以他们值班都是要 365×24[52]小时的,他们的电源不能掉,值班需要三班倒,一定要保证 365×24 小时的服务,因为用户要用这个网络,他们需为全球的用户提供.CN 的服务。

这个队伍已经建好,为.CN 的管理做了很多准备。我当时一想,这个事还必须得到我们中国官方的认可,于是我就把中国科学院计算机网络信息中心的准备情况、它的人员队伍、它为.CN 这个服务器所做的技术上的准备等做了报告。

光荣与梦想
互联网口述系列丛书

胡启恒篇

垃圾堆旁的网络管理中心

当时电子部的部长是谁？

* * *

当时电子部部长是胡启立[53]。

当时我们要申请管理.CN 这个事，报告给了吕新奎[54]，他当时是在国务院设立的一个叫中国国民经济信息化领导小组任职。我们就向他报告，说我们要申请管理国家的顶级域名.CN 服务器，吕新奎副部长亲自走访了我们科学院这个网络信息中心。我带他去参观了我们的机房，因为当时我们把服务器等设备都买了，机房也都准备好了。我还向他介绍，我们这儿还有很多的报告资料，证明我们有这个能力、有这个力量。

我们当时做的工作，一方面是面向中国政府的，另一方面在国外是面向 APNIC 的。此外，我们也把那些外国人请到中国来参观，告诉他们我们这儿有力量，我们已经开始做了。

我们这个网络信息中心成立时的周边环境是非常差的，它在一个小胡同里面，周围都是垃圾堆，我现在还记得。当时我每次走过，心里都难受，因为它是一个网络信息中心，有很多外国朋友都会来，有些合作伙伴也会过来。

它在北四环的南面，翠宫饭店北面，过了知春路再往北的一个小街小胡同里。**我当时跟我的司机说，这个地方太重要了，它是要连接全世界的。可是我请了那么多外国人来，一来先看见这垃圾堆。**那时我是副院长，我就找来我的秘书，问他能不能想想办法。后来他们就跟科学院的机关去说了。科学院机关也没有办法处理那垃圾堆,因为那是归市政管的,只好让中关村的一个管后勤的局临时出动一些人,把垃圾临时运走。

吕新奎副部长亲自来看了,又加上对科学院的信任,他就批复同意了。

吕新奎批了同意,一方面是看重科学院的信誉,另一方面是相信科学院的能力,这.CN 就让科学院管了,我们的 CNNIC 就落地了。1997 年获得政府认可后,发文宣布 CNNIC 正式成立。虽然 1997 年才获得"官宣"认可,但其实真正的工作 1994 年就已经做了。当时为什么我愿意让科学院来做?也不完全是我的本位,因为**我觉得互联网在世界上标榜的就是一种民主的精神,自下而上的积极性**。我现在还是觉得,互联网由科学院来管,而不是一个政府部门采管,对国家比较好,我们在国际上的形象好。我们这种做法跟国际上通常的做法是一致的。

我当时就想，如果只是由这几个年轻人来管这个域名，领导机关、部委都不了解他们在干什么，那是不行的。因为我们可能需要各有关部门及时提供帮助和支持，CNNIC要替全国管好这个.CN，一定会有很多行政方面的事情。如果没有有关的部门参与，这些年轻人到时候遇到问题就无法解决。所以我就出主意说我们还要建立一个工作委员会。这个工作委员会是1997年才正式开始运作的，建立委员会确实是我的提议。因为我觉得CNNIC是一个新的东西，互联网在中国也是一个新的东西，连邮电部都不是太清楚互联网到底是怎么回事，所以CNNIC要开始开展工作，要给大家登记域名，一定会碰到很多的障碍。我想，要让它工作得比较顺利，需要各方面的支持，所以我当时提出了成立工作委员会的具体想法。

因为当时在中国没有这个体制，CNNIC是体制外的，没人管，邮电部也不会管。科学院自己可以管，但是科学院必须借助其他单位,也必须让各个有关单位和部门都知道这个 CNNIC 是干什么的,这样当 CNNIC 遇到困难时他们才能够支持和帮助它。这个工作委员会邀请了一些企业,当时主要是电信企业,那时还没有什么互联网企业,还邀请了政府主管部门,请邮电部来当我们的工作委员会的副主任。主任当时是由我来做的。我当时的想法就是要有企业,有政府,也要有科技界,还有就是要有一些学者。当时我们邀请了何德全[55],还有曲成义[56]、王行刚[57]等加入。工作委员会的作用主要是沟通情况,让大家了解什么是互联网、域名;再就是协调关系,共同支持这个新产生的机构 CNNIC,让它为全国互联网管好中国国家顶级域名.CN。

我们这些事情都做得比较顺利,但都不是我亲自做的,我只是为这些事创造了一些条件,把该合作的人请来了,请来的这些人对我们帮助很大,然后这个环境也就营造起来了。每次开会我们就报告 CNNIC 怎么样了、又登记了多少域名、发生了什么问题、主管部门有什么要求等。

光荣与梦想
互联网口述系列丛书

胡启恒篇

仲裁委员会成立

捌 仲裁委员会成立

CNNIC 的这些年轻人很能干,带头人毛伟是一个很有开创精神的年轻人,他邀请了一些法官,成立了一个域名仲裁委员会,这是一个创举,也是互联网精神的体现。他没有先去找司法部批准,他就是先从愿意为互联网做事情的人开始,邀请了一位年轻的法官,又找了一位年轻的法学家,然后逐步扩充,组成一个仲裁委员会。发生域名纠纷的时候,他们征得纠纷双方的同意,就开这个仲裁会议。这样产生纠纷的双方就不用上法院了,既省了钱,也节省了时间。这也是主动的、首创的精神,就是自下而上地解决问题,我非常鼓励他们干这类的事。

CNNIC就是这么组织起来的。在必要的时候，例如毛伟他们遇到问题、障碍，工作委员会可以尽快向邮电部报告，邮电部就帮助协调一下。工作委员会起到了这样的作用。后来邮电部与电子工业部合并，建立了信息产业部[58]，并派人担任CNNIC工作委员会的副主任。那时候还没有国信办[59]，如果我们有事的话，就请信息产业部帮忙。

我们就这样支持着、扶持着这个年轻的机构，让它慢慢发展，看起来后来做得还不错，还把中国的域名产业带起来了。现在全国有几十万人从事域名产业，我觉得也非常好。

总的来说，政府长期以来实行电信超前发展的政策，给互联网的普及扩展提供了先决条件，政府对互联网的政策在经济领域还是很宽松的，所以，能够让那么多民营企业发展起来。**这20年，我最大的感受就**

是，政府提供了一个宽松的环境，这很重要；然后这些创业的年轻人很优秀，他们是我最喜欢的、最敬佩的一群人。我们做开创性工作的人毕竟只是一个铺垫，真正在舞台上唱戏的是他们。如果没有他们演得这么精彩，这个舞台搭得再好，又有什么用？谁知道你这个舞台有什么用？能够把中国互联网搞得这样火的，不就是这些实干家吗？

我们跟信息产业部联系紧密，后来信息产业部调整以后，成了 CNNIC 的领导。我就跟毛伟说，让他一定要主动去联系领导，去跟领导汇报，邀请信息产业部来考察。结果后来他们就建立了直接联系，毛伟直接跟信息产业部去汇报，不再通过科学院，然后信息产业部直接派人来考察，指出我们这个不行、那个不行，如果按照科学院的机房，我们这标准够了，但是按照部里所管全国的电信网络的标准，这样一个跟安全攸关的事情，我们这个机房的安全措施还不够；我们这供电线路只有一条，没有什么紧急应急措施，这都不行，重新改造。

毛伟他们完全听了信息产业部的指导意见，按照他们的标准重新改装，然后再请主管部门的各位领导来检查。问题解决了，标准提升了，工作也很顺畅。他们处得都很融洽，这是让我感到最快乐的事情。

您那次和钱天白一起出国，也是为了解决CNNIC的事吗？

* * *

那个时候CNNIC已经开始工作了，他们跟我讲，我们中国的IP地址很分散，因为我们加入得晚，大块的地址都给别人拿去了，我们只有小块小块的，小块地址导致我们全国的路由不科学，效率很低。我就想，这个事儿得去找美国谈，好像那次正好我有别的事儿要到美国。我就带着钱天白和毛伟到美国去了，有没有钱华林我都忘记了，但我记得很清楚有钱天白和毛伟。

捌 仲裁委员会成立

我们到南加州大学去找乔恩·波斯泰尔[60]。我觉得我们去的还是比较早的,那时候还没有 ICANN[61],就他一个人带着他的学生,在那儿管全世界的路由怎么分配。

他是非常忙的,但是我们事先跟他约好了,当面跟他谈。我说我们中国这么大一个国家,都是非常碎片的 IP,路由很不合理。乔恩·波斯泰尔是一个非常友好的人,他当时很累,但是他一点都没有不耐烦,仔细地听我说,然后他表示非常认可,他说他们正在解决这个问题。后来真的解决了,他想办法把那些没有用的 IP 地址重新拿回来,还把那些大块的打碎,然后把有用的留下,没有用的拿回来,真的想了很多办法。

当时我们还一起访问了美国的商务部。1994 年,恰逢美国把互联网管理权从国家科学基金会转到商务部,就是我找尼尔·莱恩的时候,他们那个时候已经快要进行转换了。所以我再去的时候,已经用不着找国家科学基金会了,就找商务部了。我们找了商务部的一位局长,一位女士,我不记得她的名字了,只记得她非常能干、非常漂亮。商务部的态度也很友好。

我记得我们还访问了ISOC[62],也在华盛顿。ISOC属于那种干事机构,但是它不直接出现在前台,而是在背后支持IETF[63]。IETF建立整个互联网标准和规范,它的资金是由ISOC赞助的。所以,ISOC是一个很有影响力的单位,而且对中国很友好。

我当时主要是办事,一个是找乔恩·波斯泰尔,一个是找商务部,跟他们讲中国现在有了互联网,中国是一个大国,让他们制定政策时考虑我们的要求。那时我不是代表政府,就是代表科学院。因为当时是科学院得到政府授权运行CNNIC的,我是CNNIC工作委员会的主任,我是以这个身份去跟他们谈的。

光荣与梦想
互联网口述系列丛书

胡启恒篇

他们都做了开创性贡献

您觉得哪些学者对互联网的建设和发展有开创性的贡献？除了我们知道的钱天白、钱华林、王运丰，还有哪些人？

* * *

我相信在他们做这些事的过程中，都有或大或小的开创性贡献，因为有很多问题你要不做开创，就解决不了。一个很具体的例子，你要是看当时德国教授措恩的视频，还有他当时的一些记录，就会发现他解决了一个个很小很小的技术问题，比如适配器插不上，无法响应的问题。

玖 他们都做了开创性贡献

那封邮件[64]其实到 20 日才真正发出去。所以这类事情我相信他们都做了很多,但是我不能评价,因为我不是很了解,只有他们身临其境,真正在做这个事的人才最清楚。

许榕生[65]在高能所联网当中的作用,我并不是很清楚,我认识许榕生是因为他开发了一个"中国之窗"的应用。这方面我觉得他是一个先行者,当时在我们的新闻界还没有新闻网站,而他率先办了一个中国的新闻网站。紧接着各地都办起来,所以在国外可能有一定的影响。新浪、搜狐那时候都还没有,就只有这个中国之窗。他确实是最早办的,应该承认他是有开创性的,而且是有贡献的。

我想张树新[66]和她的瀛海威[67]也是不应该被忘记的。当年中关村路口有一幅巨大的广告牌:"中国人离信息高速公路有多远?向前一公里。"直到今天还有不少人记得这句广告语。互联网由科技领域延伸到商业领域,张树新是第一人。张树新让人看到了互联网不只是科技人员的专利,普通人也能使用。很多人买了瀛海威的卡,这就为互联网大众化开了先河。

再后来互联网领域的创业者越来越多,比如张朝阳[68],我曾经去过他在美国的实验室,还跟他交谈过。他当时在美国干得很好,后来回国了,他认为在中国创业是最好的选择。

还有田溯宁[69],他和一帮年轻人在美国加州有一个网络公司,做互联网工程。当时他们说:我们把互联网带回家吧。于是他们就举着这面旗帜回到了中国。

这些人后来为中国早期许多互联网工程的建设立下了汗马功劳。

还有李彦宏[70]、丁磊[71]、马云[72]、马化腾[73]这些年轻人,是他们将互联网的商业化推向了高潮,比如说百度,在搜索领域能与世界巨头平起平坐。随着一个又一个互联网公司在美国上市,"中国"这个名字在华尔街也变得越来越响亮。这些开创者的名字都应该被载入中国互联网发展的史册。[74]

王行刚是计算所的,当时在 NCFC 联网的时候,钱华林是王行刚的助手,他们两个人一起主导网络工作。王行刚负责定方案、定规划,钱华林主要是执行,做得更多。王行刚是一位非常有全局眼光的学者,他去世的时候 60 多岁。王行刚曾经做过很多大单位的网络规划,他是 NCFC 设计的主要贡献者之一。后来王行刚做到互联网这块的时候,NCFC 的工作已经基本结束了。

在 1994 年到 2000 年,您觉得哪些政府部门的人对互联网的发展有比较大的贡献?

* * *

在这一阶段,我觉得跟我们有来往、有汇报关系的,主要是吕新奎。当时的批文宋健转给了邹家华同志,他做了主要批示;但是后来当我们 CNNIC 到建立

10周年的时候,也就是2007年吧,我们请了中科院老院长周光召,也请了邹家华同志到CNNIC看了一下。让他们看看,当时是他们亲自支持和批准的这件事。周光召和邹家华同志来看了,都是挺高兴的。邹家华对网络的事情很关心,但是他不自己直接上网,他家人会替他做这件事,但他还是关心的;周光召院长亲自上网,阅读网上信息,至少在2007年是如此。

我觉得当年电子工业部的很多决策,还是跟胡启立部长有关系的。他把通信业独家垄断这个现象给打破了,后来才能有信息产业部。如果电子部和邮电部依然分离,那就是设置上的一个缺点了。

还有吴基传[75]部长的贡献很大,因为电信的超前发展给互联网创造了物质基础,这个绝对不能够忘了他,他的确功不可没。因为互联网能够进中国,要是没有改革开放,我们根本就不能知道国外有个互联网;再一个就是我们电信的超前发展,给互联网进来以后迅速扩展做好了铺垫,当时的互联网都是附着在通信网上的。在强大的电信系统中,吴基传绝对是领导人。

中国互联网协会是在什么情况下成立的？

* * *

成立中国互联网协会这个想法是在2000年年初萌生的。主要是因为当时在国际上，我感到我们真是需要有人代表中国去说话的，那时国际上已经建立了很多的互联网组织，首先就是那个ICANN，那是一个全球的互联网大会，可是我们中国是一盘散沙，我们师出无名。另外还有一些问题，如地址的分配问题，还有他们审批国际通用域名的时候开放度不够，这些问题都是我们应该去发表意见的，但总是感到在那样一个国际场合，我们自己势单力薄。后来我一想，觉得需要一个全国性的协会，一个民间的组织，代表我们中国的互联网，在国际上发声。

所以，后来我就跟一些人商量这个事，他们都很赞成。我记得当时跟清华的吴建平[76]商量这个事，我说咱们是不是该成立协会？他表示赞成，他主动说让我牵头，当时我是科协的副主席，我就跟科协讲了这个事，因为科协主管全国所有的协会。可是科协说我们主管的是学会，不是企业协会，企业协会应该是产业部门的。

所以，我找了几位工程院院士，跟他们商量，说能不能为中国的互联网企业成立一个协会，他们都表示支持。我就联合这几位院士，写了一封信给科协，建议科协来促成互联网界成立一个协会。科协同意了，然后科协跟信息产业部沟通，想邀请信息产业部做联合发起人，成立中国互联网协会。

那时，信息产业部也有这个想法，他们说协会成立后，要请我来做理事长。我说我不能干这个理事长，要做这个企业协会，还是找一个企业家吧。我们是科技界，也不是产业界的，我们不懂这个。我说我只是觉得需要成立一个协会，我牵头发起。现在协会既然要成立了,那应该找一个企业家来做这个企业协会的会长才会名正言顺,而我发起的任务已经完成了。

可是信息产业部的人很坚持,谈了好几次。后来我就向周光召征求意见。周光召说:"要是他们主管部委真的让你干,你就干吧。"我说那我就干。当时科协的党组书记是张玉台[77],他说:"启恒,你就应该干,你干比来一个企业家好,企业家干了,人家认为他不公正。"后来我一想,也是啊,我就接受了。这理事长一做就做了12年。

世界互联网协会ISOC的CEO Lynn Amour代表ISOC向中国互联网协会赠送奖牌，感谢协会为互联网在中国发展所做的贡献。

(供图：胡启恒)

我当时愿意干,还有一个原因,我不能忘记一个人,我是非常感谢他的。

黄澄清[78]这个人功劳太大了。我不愿意干这个理事长的时候,黄澄清也来游说,劝我还是要干。那个时候还有一件事儿,让我觉得我有点亏欠他。

因为在2001年,我有一次在国外开会,外国朋友提出来说希望ICANN大会在中国办一次,我当时马上就接受了,我说太好了,我们很愿意做一次东道主,开全球的互联网大会。为什么呢?是因为我们在科学院开国际的学术会议,还是比较自由的,没有什么障碍,所以我认为我同意了,这会肯定就能开。他们说我们会议人数很多,有两千人。我说那没问题的,我们有这个能力,完全可以在中国开。我就把这个事儿给应承下来了。结果没想到,这个会不属于科学院的管理范畴,它归信息产业部管,信息产业部要开这么大的国际会议,必须经过部党组讨论,然后还得报外交部，之后才能开，这是很困难的，跟我们科学院开一个国际会议是完全不一样的。我才知道我给他们惹麻烦了。

可是后来相关部门领导和黄澄清非常努力，给我帮了很大的忙，把这个会成功举办了，办得非常好。

黄澄清是信息产业部决心要响应科协的建议，一起建立这个协会的时候派来的。黄澄清是我敬佩的一个年轻人，与我合作得非常非常好，没有任何个人私心，就是为了互联网的发展。

所以我总觉得我有点亏欠黄澄清，当他来跟我谈的时候，我想当时为了举办那个大会，他出了很大的力，才把这个会办成了。我想，他既然坚持要我做，我就试试看。

玖 他们都做了开创性贡献

2001年11月于上海，首次在中国举办了ICANN世界大会。照片中有温特·瑟夫，和当时的ICANN主席Lynn Stuart，以及黄澄清、毛伟、高卢麟和胡启恒。

（供图：胡启恒）

那次上海的会规模很大，超过千人参加。2001年这样的会就算大了，是很不一般的。回头一想，我觉得我很幸运，一路上碰到人都特别友好，特别支持我，所以，我才能很顺利地看着互联网长大。在最开始的时候，大家对互联网的评价很不好，在电视上总是有专家批评互联网。到现在我还记得中央电视台请的专家出来说，家长们啊，你们可要注意，让孩子远离网络。在我看来，如果真让我们的下一代都远离网络，我们肯定会落后。现在世界上的孩子们都是伴随着网络长大的，如果中国的孩子们被教育说，网络是洪水猛兽，那我们就落后了。

可是后来，我就觉得，要感谢那些企业家，慢慢地，他们成长起来了！媒体对网络的态度也在慢慢地转变，后来还倡导大家使用互联网。这种转变都得益于我们的那些门户网站，那些新闻网站，那些博客，特别是搜索引擎，它们使得主流的媒体和主管媒体的部门认识到互联网是一个要好好用的好东西，而不应该简单地排斥它。

还有一件事,在互联网协会成立后,业内对加入ISOC的呼声很高。但是困难也很多,在此过程中我们得到了ISOC和很多朋友们的支持和帮助,他们也为此付出了很多努力,但是由于种种历史原因,我们没能加入ISOC,我觉得挺亏欠他们的。后来,这件没完成的事就归邬贺铨[79]管了。

光荣与梦想

互联网口述系列丛书

胡启恒篇

给互联网一个健康的生态

不当理事长以后,您现在的生活状态是什么样的?

* * *

我很快乐啊,有更多的时间可以随便看一些我喜欢看的东西,去找我的朋友玩儿,然后在网上寻找新的知识,研究一些问题。

我是 2013 年 5 月退下来的,黄澄清跟我一起干了 12 年,从互联网协会成立,黄澄清就是我的搭档,实际上从一开始他干的就是秘书长的工作。黄澄清实在是太好了,他最值得我敬佩的是,他虽然是一个司局级的干部,但他没有一点官架子,跟那些企业家水乳交融。作为官员,可以跟那些企业家成为朋友,我觉得是非常不简单的。一个人要把事做好，必须跟人交朋友。他不当秘书长以后，协会上的事情他还参与，有些重要的事他还来参加，因为他也是协会的副理事长。所以，在我还担任协会理事长的时候，有些重要的事，我也会跟他商量。

  2012年9月10日，互联网协会第三届理事会第五次会议。这是胡启恒卸任前最后一次参加协会理事会。

（供图：胡启恒）

拾 给互联网一个健康的生态

2013年4月8日,在北京举行的ICANN第46次大会开幕式上,胡启恒最后一次代表中国互联网协会致辞。

(供图:胡启恒)

协会里黄澄清是主要人物,其实具体来说我都没有那么重要。因为有了黄澄清,所以我这理事长当得很容易、很快乐、很轻松。所以有次外国记者采访我,让我说说在中国哪些人对互联网有贡献,我说了好几个人，其中就有黄澄清。我说黄澄清为协会创造了一个非常好的定位，使得互联网企业知道，虽然我们这个协会解决不了太多具体问题，但至少是他们的一个好朋友。这个朋友是一心为他们好，愿意帮他们去跟政府做一些工作，能一起想办法帮助他们，我觉得黄澄清起到了这个作用。现在协会有了新的理事长邬贺铨，他是通信、计算机网络方面的专家，学术造诣很深，领导下一代互联网示范项目成绩卓著，协会也有了得力的新的秘书长卢卫[80]，我觉得互联网协会在新的时期是一定能大有作为的。

政府把互联网列入了"十二五"规划，这当然是件好事，因为政府很重视它；但是同时，我又增加了一点担忧。我很担心，政府规划的带有经费支持和政策优惠的一些示范项目，对于市场竞争中的企业来说，会不会变成了一种市场之外的资源，以至于在一定程度上影响互联网企业的健康的生态？

互联网是一个开放的平台，一个公平竞争的环境，

拾 给互联网一个健康的生态

只要遵守国家的法律法规，所有的企业都能靠创新和优质服务来赢得市场份额。过多的政府项目会形成对市场的干预，使得企业更多地关心政府的兴趣而不是市场和用户的兴趣。所以，我有一点担心。

有利于互联网的生态环境，应该是有利于公平竞争，有利于保护企业和用户的权益的。为了不断改善互联网生态环境，我觉得最需要的是加强有关互联网治理的法律法规建设，设立依法治理的政府机构。要有很完备的法律，互联网从业者和用户都要按照中国的法律办事，这就是治理互联网的正确方向，让企业依法经营，让用户依法享有自己的权益。

其实，只要有一个有利于公平竞争的生态环境，必定会有优秀的胜出者。我曾经跟中国化工网创始人[81]谈过，他跟我说当时他就是学外语的，一看这互联网可以用英文向外国介绍中国的产品，他就用英文办了一个化工网，然后就火起来了，很快市值就过亿元了。

我还特别注意到一个问题,在说世界互联网起源的时候,很多人只说兰德公司[82],不说 J.C.R.立克莱德[83],这是不完整的。我记得罗伯特·卡恩[84]说过,对核战的防范,确实是他们在研究这个协议的时候考虑的因素,但绝不是唯一重要的因素。我后来看了 J.C.R.立克莱德 1962 年的那个文章《人机共栖》,它影响了后人,影响了温特·瑟夫和罗伯特·卡恩。但我认为,真正影响了他们设计思想的,实际上是 J.C.R.立克莱德提出的"全世界的计算机网",而且这个网是为了每个人而提出的。

您觉得中国网络环境有哪些不足的地方需要改进?

* * *

我觉得我们自己的生态环境不是一个良性的环境,竞争过程中存在的不公平性。是什么破坏了公平的竞争环境呢?是因为它没有规则,缺乏共识。另外,侵犯别人的知识产权也造成了一种不公平的竞争。再有就是一些特别恶意的，一些很不文明的语言发布在网上，我觉得也都是在恶化我们的网络环境，使得一些年轻人和他们的家长认为，最好不要上网。

我觉得解决这些问题还有待于我们大家共同努力。政府当然是有责任的，政府要把政策、法规制定得更好。另外，行业还要多多制定行业规则，像3Q大战[85]的时候，我们最后就形成了一个行业的规则[86]。行业规则也是需要大家自觉遵守的，如果不遵守，行业规则也是形同虚设。归根结底，营造一个文明、公平的网络环境，需要大家共同努力。[87]

2012年9月12日,胡启恒在中国互联网大会上。

2012年9月,在互联网大会上,胡启恒向为大会服务的一位70岁高龄的志愿者赠送荣誉证书。

(供图:胡启恒)

拾 给互联网一个健康的生态

我认为人际沟通可以让人变得更聪明。有一个故事：在远古时代，地球人开始建通天塔，进度很快，上帝就害怕了，于是就给地球上的人制定了不同的语言，让他们的沟通交流发生了障碍，之后他们建塔的速度就慢了。这个故事说的就是交流和沟通多么重要。当人们在表达自己的时候，他的思维是积极的，他会去注意别人在说什么。**我认为互联网提供了这样一个平台，它有助于我们每个网民通过互联网的平台学习和进步。这个学习的概念是广义的，不是拿着一本书就可以了。这个学习在沟通的环境下、在互联网的环境下，就是很自然的过程。沟通可以让人们听见不同的声音，进而修正自己的观点，使自己的意见更完善、更完美，我相信未来的网民会更聪明，更有智慧，更善于沟通，也懂得对社会应尽什么样的责任。**这样就会使我们的网络环境更加和谐，使我们的网络在建设一个富强、民主、和谐的社会当中起到更大的作用。[88]

在谈论这些重大事件之外,您愿意谈谈个人的成长历程吗?

* * *

不值得谈。

我所讲述的这些事情是科学院做的,不是我个人做的,这是科学院的行为。我最开始做这个也是想为科学家们服务。科学院迫切需要互联网。我在那个位子上,就执行这个事儿,就是这样。

另外,互联网进中国,就好像是一个光谱,我们科学院集中在这个区域,做了最有效的工作。我们没做太多事,但是我们在关键时候争取到了NCFC,我们做得最有效,就成功了。但是我们不能忘记,在其他的地方,还有很多的人在努力。

(本文根据录音整理,文字有删减,出版前已经口述者确认。感谢冉晓燕、胡冰、黄恬、孙雪、杜运洪、杜康乐等人为本文所做的贡献。)

语 录

○ 互联网进入中国，不是八抬大轿抬进来的，而是从羊肠小道走出来的。[89]

○ 互联网不承认网络领袖，互联网是群众的事业。互联网的基本思想就是让每一个地方都有平等的功能和力量。现在有了互联网，我们每一个普通的人都拥有了强大的力量，可以影响社会。所以，到现在为止，全世界的互联网只承认它的真正奠基人和缔造者：一分专利费都不拿，让全世界来共用 TCP/IP 协议。[90]

○ 企业家是运动员，如果竞赛规则有问题，发现裁判不公,我就帮他说话;如果竞赛很公平,我就给他鼓掌加油。[91]

○ 网络的精神就是给草根阶级、给弱者提供一个机会,提供一个平台,让他能够表现自己,能够做他想做的事,我们一定要关注互联网的这个文化。[92]

○ 互联网的创新从来不是推倒一栋楼重建,而是在原有的基础上增加新的东西,大家互为阶梯帮助彼此,才能不断创造奇迹。[93]

○ 净化网络环境,是每一个网民都要参与的事,不只是政府,也不只是互联网协会,而是每一个网民都要了解到它的重要性。要想让互联网成为大家喜闻乐见的平台,大家都愿意去的一个地方,每一个人都要约束自己的行为。不要把一些肮脏的垃圾扔到网上,而是要把美好的东西献给网民,献给我们共同的互联网世界,我觉得这就是一个可持续发展、和谐的社会，也是一个和谐的、清洁的网络，这个是我们的理想。当然我们永远不可能完美达到这个理想，但是接近这个理想也是很好的。[94]

○ 互联网创新有一个最大的特点，它从来不是颠覆性的，而是一种渐进创新式的。[95]

链 接

2013年"互联网名人堂"入选者名单[96]

一、互联网创始人/先驱（对早期互联网设计和发展做出突出贡献的人士）

1. J.C.R. Licklider（已逝）：提出"人机共生""全球计算机联网"的思想。

2. David Clark：主持设计全球互联网架构。

3. Robert Taylor：阿帕网计划负责人。

4. Stephen Wolff：推动互联网由一个政府项目向全球商用的转变。

5. Bob Metcalfe：以太网的发明人。

6. Kees Neggers：推动建设荷兰国家计算机网络（SURFnet）。

7. David Farber：Interesting-People.org 创始人。

8. Nii Narku Quaynor："非洲互联网"之父。

9. Howard Frank：联合设计并优化了网络拓扑结构和经济性。

10. Glenn Ricart：搭建首个互联网交换点。

11. Kanchana Kanchanasut：把互联网引入泰国。

12. Werner Zorn：德国"互联网之父"。

13. Jun Murai：日本"互联网之父"。

二、互联网创新者/改革者（对互联网技术、商业或政策发展，以及帮助扩大互联网的拓展做出杰出贡献的人士）

1. Marc Andreessen：网景浏览器创始人。

2. Henning Schulzrinne：会话发起协议（SIP）的主要设计者之一。

3. John Perry Barlow：电子前线基金会创始人之一。

4. Richard Stallman：通用公共许可协议及自由软件基金会的创立者。

5. Anne-Marie Eklund Lowinder：瑞典网络安全领域的先驱。

6. Aaron Swartz（已逝）：Reddit 联合创始人、RSS 规格合作创造者。

7. Francois Fluckiger：欧洲核子研究组织计算机院主任、《网络多媒体开发与应用》作者。

8. Jimmy Wales：维基百科创始人之一。

9. Stephen Kent：BBN公司首席科学家、网络安全专家。

三、推动全球互联者（在全球范围内对互联网普及和使用做出重要贡献的人士）

1. Qiheng Hu（胡启恒）：推动中国接入互联网并促进其发展，创立中国互联网协会。

2. Steven Goldstein：前美国国家科学基金会国际联网部负责人，协助推动多国接入互联网。

3. Karen Banks：通信促进协会创始人之一，积极推动妇女上网。

4. Anriette Esterhuysen：通信促进协会执行主任，推动了非洲的ICT发展。

5. Ida Holz：推动乌拉圭接入互联网并促进拉美互联网的发展。

6. Gihan Dias：斯里兰卡".lk"域名注册管理机构创始人。

7. Barry Leiner（已逝）：创建互联网活动委员会（Internet Activity Board），后 IETF 在此框架下成立。

8. Teus Hagen：推动 UNIX 网络及互联网在欧洲的发展。

9. Haruhisa Ishida（已逝）：把 UNIX 和网络互联技术带入日本的先驱。

10. George Sadowsky：ICANN 理事会成员，曾协助推动多个发展中国家互联网的发展。

附　录

互联网的缘起及其在中国的早期发展[97]

胡启恒

(于 1998 年)

互联网的缔造者和先驱们是这样评价互联网的："电报、电话、无线电和计算机的发明，为互联网空前的能力集成奠定了基础，从而在计算机和通信领域引发了史无前例的革命。"转眼之间，互联网已成为摆脱地域制约的全球范围内信息交互传播的崭新媒体，成为交易的最大平台，成为人人可以利用的学习、合作、互相沟通的手段，更进一步成为全球普及度最高的信息基础设施。

互联网的发展历程复杂并包含许多方面的内容。它究竟是如何发展到今天的形态的？首先是在技术领域中，从"包交换"和 ARPANET 相关技术开始起步的一系列演变；其次是对如此复杂的、全球规模的基础设施的组织实现、运行管理；还有社会中的相应变革，先出现了一个新的群体，他们孜孜以求，为创造和改进互联网有关的技术同心协力，这个群体被互联网的缔造者们称为"Internauts"，意为"网航员"，即"探索网络的人"；随后出现的是网络使用者的群体，他们自称为"网民"；后出现的，可能也是最重要的，是互联网在商业行为中的塑身，也就是最有效地把研发成果转变成最为普及的、好用的信息基础设施。这些复杂交错的过程造就了今天的互联网。

关于互联网历史的书和文献很多,但是中文的可能还不是很普遍。本文主要以《互联网简史》(*A Brief History of the Internet*)、《互联网历史》(*The History of the Internet*)和维基网络百科中的互联网历史等文献为蓝本,提供一个忠于事实、非常简约的互联网发展缘起的介绍。

互联网缘起:一个划时代创新成就的出现和成长

1957年苏联发射第一颗人造卫星。美国采取国防部高级研究计划署(ARPA)的对应措施,以继续保持在科技前沿领域的领先地位。20世纪60年代初,美国空军委托兰德公司研究如何在核打击以后仍然保持对攻击力量的控制能力。一个分布式的能耐受核打击的军用网络,这是对于美国科学技术创造能力的一个挑战。

全球网络思想萌芽

关于"全球网络"这一划时代的思想,其奠基人和先驱是 MIT 的心理学家、计算机科学家 J.C.R.Licklider。最早的文字记载是 1962 年 Licklider 所写的一系列备忘录。他描述了一种通过把计算机互相连接成网来实现人与人之间信息交互的概念,他称为"银河系网络"。按照他的想象,在全球范围内互相连接起来的许多计算机将可以使每个人在任何地点很快得到需要的数据或程序。他在《人机共栖》(*Man- Computer Symbiosis*)这篇发表于 1960 年的论文中写道:"互相以宽带通信线路连接起来的计算机,将可期待具有现在的图书馆这样的功能,即先进的信息存储、提取及其他人机共栖(交互)的功能。"在原则上,他的设想与现在的互联网已经非常接近。他被任命为 ARPA 信息技术研究计划的首任领导。随后,Licklider 又将这种网络概念的重要意义传递给他的继任者 Ivan Sutherland、Bob Taylor 和 MIT 的研究员 Lawrence GRoberts。

"包交换"理论的诞生

与此同时,另一个重要的思想也开始萌发,即关于"包交换"的理论。MIT 的 Leonard Kleinrock 于 1961 年发表了关于包交换思想的第一篇文章,1964 年出版了第一本书《通信网》,奠定了包交换或称分组交换的基础,可谓是在计算机联网的道路上向前迈进的决定性一步。使计算机能互相沟通,则是另一个技术关键。为了弄清楚这个问题,Lawrence Roberts 等人将分别位于麻省和加州的两台计算机通过低速的电话线连接,创建了第一个广域网。试验结果证明,分时计算机可以远程合作,运行程序或存取数据,只是电话线实在不堪重负。而且 Kleinrock 关于包交换通信的必要性与可行性的观点也完全得到了确认。

出现"ARPANET"

1966 年年末,Roberts 开始在美国国防部高级研究计划署(DARPA)发展计算机网络的概念,于 1967 年制订并发表了"ARPANET"计划。在他发表这篇文章的会议上，他得知英国国家物理实验室（NPL）的 Donald Davies 和 Roger Scantlebury 也有一篇关于包交换的文章，并且同时得知在兰德公司，Paul Baran 等人也做了关于包交换的工作。兰德公司关于包交换网络用于军事保密语音通信的论文发表于 1964 年。所以，"包交换网络"的理论与实践，完全是各自独立地、平行地同时在 MIT（1961—1967 年）、兰德公司（1962—1965 年）、英国的 NPL（1964—1967 年）进行和发展的，互相之间没有任何关联。

由 9 位互联网创始科学家和工程师联名发表的《互联网简史》特别对一个事实做了说明，就是在这 3 个平行发展的团队中，只有兰德公司的工作考虑了核战的问题。而从 MIT 发展起来的 ARPANET 与此事并没有关联，当然，在以后研究互联网的鲁棒性和幸存能力时，也考虑了互联网在损失大部分底层网络时的耐受性能。

1968 年是互联网发展的一个新阶段，DARPA 正式立项支持 ARPANET，在 Roberts 主持下初步制定了其整体结构和规范。由 BBN 团队及在其中发挥主要作用的 Bob Kahn 于 1968 年年底赢得 DARPA 的合同，负责开发包交换网络的关键部件——界面消息处理器（IMP），并负责总体体系结构设计；网络拓扑结构和经济性能的设计和优化是由 Roberts 与 Howard Frank 及他在 NAC（Network Analysis Corporation）的团队负责；而网络的检测系统则由 Kleinrock 在加州大学洛杉矶分校（UCLA）的团队负责开发。

Kleinrock 最早发展了包交换的理论，又在网络的分析、测试和设计方面做深入的研究，所以，他在 UCLA 的网络测试中心被选定为 ARPANET 第一个网点。1969 年 9 月，BBN 在 UCLA 建成了第一个 IMP，第一台网上主机顺利完成了连接。斯坦福研究院（SRI）提供了第二个网点，并支持了网络信息中心（NIC），其功能包括保存、运行和维护主机名册及对应的地址表、RFC

的目录等。两个网点建成后一个月，ARPANET 的两个网点开始通信，第一个信息从 Kleinrock 的实验室发到了 SRI。

从 ARPANET 走到互联网（Internet）

随后加入 ARPANET 的两个网点，都与利用网络来发展新的应用有关。加州大学圣巴巴拉分校利用网络快速更新数据，完成数学方程运算结果的可视化；犹他大学利用网络研究可视化三维表达。1969 年年底，ARPANET 已经有了 4 个网点，可以说，早期的互联网就此起步。值得注意的是，即使是在起步阶段，网络研究也兼顾底层网络的发展和网络的应用，这个传统一直延续到今天。

以后的几年里，网上主机数量迅速增加，研究工作的重点集中到发展功能完善的主机通信协议及其他网络软件上。1972 年 10 月，Bob Kahn 在计算机通信国际会议 ICCC（International Computer Communication

Conference）上组织了非常成功的 ARPANET 大规模演示，首次向公众展示了这个新的网络技术。同年，最热门的网络应用——电子邮件，在发展 ARPANET 的人们互相交流的需求驱动下应运而生。在 BBN 和 Roberts 等团队的努力下，电子邮件开始起飞并预示着各种各样的人与人互相交流的应用将在网上迅速成长。

如何从 ARPANET 走到互联网？关键在于引入了开放的架构和网络连接层的协议。

现在的网络用户感觉互联网就是一个一直稳定存在的网络。可是在二十世纪七八十年代，更被重视的网络协议标准是 OSI，大多政府和大企业似乎更看好作为国际标准的 OSI。大量政府资助的项目经费流向了 OSI。

互联网的基本思路和基本的技术特色在于它是具有开放架构的网络。底层可以存在大量互相独立和各自不同的网络，通过互联而实现互相平等的合作，提供端到端的服务。开放架构网络的思想最初是由 Robert Kahn 在 1972 年来到 DARPA 工作时带进互联网的,这个网络的关键在于一个端到端的、可靠的、能耐受干扰和中断的协议。Kahn 决定开发一个适合开放架构的计算机通信协议,并于 1973 年春邀请 Vint Cerf 合作设计这一协议。他们的合作产生了 TCP/IP 协议,奠定了互联网的基础。

建设 ARPANET 和 Internet 的动机都是为了资源共享。但是当远程登录和文件传输都已经实现的时候,电子邮件又成为一种更具吸引力的新的应用。互联网最具魅力之处,就在于它是任何新应用都可以适应的。后来的万维网等新的应用使互联网迅速普及,成为全球的信息基础设施,改变着世界。实施 TCP/IP 协议也是重要的一步,是互联网走向成熟的开端。互联网的不断扩展延伸的过程,伴随着对技术的新挑战。例如,在局域网大量发展起来以后,只用一个简单的主机名册显然是不够的,于是人们发展出了域名体系(Domain

Name System，DNS），域名体系提供的是可扩展的分布式机制，可以解析多层次的主机域名，映射到互联网的地址。

划时代的 TCP/IP

一个重要的时刻来临了，1983 年 1 月 1 日，ARPANET 开始运行 TCP/IP。这个转换是划时代的，互联网群体团队用了好几年的时间为之做了仔细的规划。实现的过程顺利得令人惊奇。当时在互联网圈子内，人们互相传送喜信："我顺利通过了 TCP/IP 转换！"

到 1985 年，作为计算机通信的基础设施，互联网已经成为了能支持广大科研团队和新技术、新应用的开发者的技术平台，并开始提供服务给更多其他领域的人们。此前的发展和演变，已经为下一个重要新阶段——互联网的商业化铺平了道路。

迄今为止，互联网的发展，与今后的行程相比，还只能算是开端。

互联网进入中国：开启与世界接轨的大门

对互联网进入中国及其早期发展的情况，由于各人处的环节不同，所以了解的内容也可能不完全相同。但互联网进入中国的大背景是中国的改革开放，这一点应该是毫无疑问的。

科学的春天需要互联网

在邓小平同志开启改革开放的大门以后，科技教育界对于互联网在世界上的发展有了清楚的了解，对于接入互联网，产生了热烈的期盼。同时，科学研究及其国际合作交流的需要对于互联网进入中国起了直接的驱动作用。实际上科技教育界迫切要求连入互联网的动机，首先是降低合作中外双方传输数据和信息的成本。

在中国全面接入互联网之前，科技教育界已经进行了许多早期的互联尝试。例如，北方信息研究所的王运丰教授和他的团队，与德国卡厄斯鲁尔大学是合作伙伴；中国科学院高能物理研究所与斯坦福大学直线加速器中心（SLAC）之间的合作等。王运丰等人在1987年9月向位于卡厄斯鲁尔大学的服务器发出了内容为"跨越长城，走向世界"的电子邮件，这是中国第一封利用计算机网络发出的电子邮件，它成为这个时期的一个标志性事件。而高能物理所利用X.25电信线路与合作方进行数据通信大约从1986年就已经开始了。当时这两个研究所与世界的沟通都是通过DECNet连接（DEC公司开发的用于小型机间的网络通信协议）的方式进行的，这还不属于互联网意义上的连接。中国科学院的高能物理所，也是作为当时中国唯一的合作者，再连接到美国能源部的ESnet的。

王运丰和他的团队为互联网进入中国所做的贡献，还包括1990年代表中国注册国家顶级域名.CN，使中国成为在互联网上注册的第77个国家，并任命他的团队中年轻的工程师钱天白为中国的互联网行政和技术联络员。在1994年以后技术联络员则由中国科学院的钱华林研究员担任。当时中国不具备设置顶级域名服务器的条件，因此，国家顶级域名服务器就设在王运丰的合作者那里，即德国卡厄斯鲁尔大学的网络信息中心，由中心的主任 Werner Zorn 教授义务代管。

NCFC 实现真正意义上的互联网的连接

今天我们可以完全肯定地说，中国真正意义上的第一个互联网的连接，是由位于北京中关村地区的 NCFC，即国家计算设施中心（National Computing Facilities Center），于 1994 年 4 月实现的。

NCFC 是一个世界银行贷款项目，目标是建设一个超级计算机中心，由清华大学、北京大学和科学院位于中关村地区的研究所共享。1993 年三角网基本建成，NCFC 的管委会根据大家的要求，一致同意并决定接入互联网。NCFC 管委会的组成单位包括清华、北大、科学院、计委科技司、科技部高新技术司和自然科学基金会。NCFC 要接入互联网，首先要解决经费问题。当时这一决定能够得以实现，科技部、计委、自然科学基金及科学院都提供了世界银行贷款以外的资金支持。

NCFC所做的事，就是使中国第一次真正实现了互联网意义上的互联。

我国NCFC选择网络协议的过程，远比欧洲简单。因为我们实施NCFC时，互联网已经明显是最佳的选择了，大家没有太多分歧。只是当时科学院很多研究所普遍使用DEC公司的VAX机器，有DECnet，没有互联网协议。NCFC的网络技术责任专家钱华林研究员要求DEC公司提供DECnet与TCP/IP之间的转换和互通的软件。这样，各使用单位就不必重复购买昂贵的TCP/IP（当时VAX机器上的互联网软件是很贵的，并且每个功能是分开卖的，如FTP和电子邮件等都是单独卖的）。所以，NCFC购买一套协议转换软件，各单位通过网络中心转换后，就能与全世界的互联网进行文件传输（FTP）、远程连机（Telnet）和收发电子邮件

（E-mail）了。当时 Web 和其他应用还没有广泛普及，网络的主要应用就是这 3 种。

由于清华大学曾在属于 OSI 系统的 X.400 邮件系统上做了大量工作，按照他们的要求，NCFC 也采购了 X.400 与互联网电子邮件之间的协议转换软件。北大没有 DECnet，也没有 X.400，希望只支持 TCP/IP，不需要买转换协议。所以，最后的方案是：以 TCP/IP 为主，照顾现有的系统（为 DECnet 和 X.400 提供转换）。

冲进互联网大家庭

有了经费，接入互联网的第二个必须解决的大问题就是要取得美国方面的认可并争取被接纳。为此，相关领域的许多中外学者专家做了大量工作，通过各种渠道呼吁和推动。中国科学院的钱华林研究员等人曾积极参与了这类活动。1992 年 6 月，在日本举行的 INET'92 会议上，钱华林第一次就中国接入互联网的问题与 Steven Goldstein（当时是 NSFNET 国际连接的负责人）进行了交谈，并在以后的更多场合找机会与他多次讨论。

最重要的进展是在旧金山 INET'93 会议以后举行的一次会议上取得的。在这次会议期间，钱华林向 Steven Goldstein、Vint Cerf 和 David Farber 等人传递了中国科技界渴望接入互联网的心情，希望得到他们的理解和帮助。

会后，举行了 CCIRN（Cooperation and Coordination for International Research Networks），即"科研网络的国际合作与协调"会议，会议的议题之一是中国接入国际学术网络的问题。"中国要加入"能够出现在国际会议的议题中，是我国科技界专家们长期努力的结果。在当时这个会议上发言的人都支持中国接入。Steven Goldstein 不在场，他的上司 Stephen Wolff 在场，但其没有就这个问题发言。密苏里大学堪萨斯分校计算机与通信系的主任 Richard Hetherington 对于中国接入给予了很多帮助。在这期间,钱华林等专家与 NSFNET 授权进行国际连接的 Sprint 通信公司多次接触,商谈了实现连接的技术细节,为实现连接做好了一切技术准备,并得到通知,即将实现连接。1994 年 3 月开始,做了半个月的测试。但是,似乎还是存在某些技术以外的障碍,如美国政府方面的干预。实际上,这不只是"似乎",而是确实存在的事实。

1994 年 4 月,中美科技合作联合委员会在华盛顿举行例会。作为中方代表团成员的中国科学院副院长胡启恒,同时她也是 NCFC 管委会主任,在赴美开会之前,得到中国科学院的支持,将接入互联网一事报告国务院,并获得了批准。在华盛顿,胡启恒为了中国接入互联网一事,专程造访美国自然科学基金会主席 Neal Lane 博士,希望得到他的支持。NSF 的 Stephen Wolff 是网络国际合作的负责人,他对中国接入互联网表示了肯定的、积极的态度。当然,这对中美科技合作也无疑是个好消息。

这样，在 1994 年 4 月 20 日，中国以全功能连接接入了互联网。这件事在 1994 年年末被列为当年的十大科技成就之一。

随后，1994 年晚些时候，在德国卡厄斯鲁尔大学网络信息中心主任 Werner Zorn 教授的帮助下，中国顶级域名.CN 服务器被移回中国，并得到政府授权设置在中国科学院，正式建立了中国互联网络信息中心（CNNIC）。2001 年 5 月成立了互联网领域民间社团"中国互联网协会"。14 年来，互联网在中国发展迅速，特别是近年来向传统经济领域的渗透日益深化，在我国的经济、社会进步中发挥越来越重要的作用。一件使中国互联网界感到高兴的事情是，在 2002 年，中国成功地主办了"世界互联网大会"。

如今，中国已经成为世界上网民数量最多的国家，我们要为互联网的进一步发展和完善做出应有的贡献。

相关人物

"互联网口述历史"已访谈以上相关人物,其"口述历史"我们将根据确认、授权情况陆续推出,敬请关注!

访谈手记

方兴东

在谈论互联网时,胡启恒院士最常提到的词汇,也是她最为关切的,就是"互联网精神"。对此,我当然有着特别的感触。我兴奋地把自己互联网实验室的名片递给胡老师:"胡老师,你看看我们名片上印着的宗旨——'以互联网精神为本'。"

胡启恒院士一共接受了我们三次访谈。2007年,互联网口述历史项目刚刚启动,胡启恒就是第一批接受访谈的成员之一。但是当时并不是我自己亲自采访的,所以错失了一次与胡院士深入交流的机会。也因此,后来的口述历史我都坚持自己直接进行。

第二次访谈是2013年,依然是胡启恒来到我们的办公室。我们一口气聊了将近四个小时,构成了这次出版内容的核心主体。然而第三次访谈差点没有成功，因为这一次的访谈触及到了她的成长历程。

她不想谈论成长历程的话题，她说这些与她从事的互联网工作关系不大。于是，我调整了大纲，将重点放在互联网精神的阐述和她参与国际网络治理的内容上。然后，她便欣然同意了。

从几次访谈可以感受胡院士的严谨和坚持，她有着自己清晰鲜明的界线。胡院士对于她参加中国互联网建设部分的内容，可谓知无不言，言无不尽。尤其是第三次，她一再强调需要纠正过去一些报道的偏差，例如，1994年她去华盛顿与美方沟通互联网接入问题，不是官方的授意，也不是代表中科院，而完全是她的个人行为。她借助中科院访问美国的机会，自己决定去找当时管理互联网的美国国家科学基金会，和他们有关负责人进行面对面地沟通。而这次沟通后中国互联网就接通了。

1994年4月20日成为中国全功能接入互联网的纪念

日，也相当于中国互联网的诞生日。这个日子的到来与的个人努力是分不开的。个人的能动性和创造性，在早期互联网发展的过程中发挥了巨大的作用。中国互联网的接入和诞生，也遵循了这个基本规律。这才真正符合互联网当时的状况和特性。2017年8月，我在华盛顿做斯蒂芬·沃夫的口述历史访谈，他是当年负责美国国家科学基金会互联网项目的主管，他也特别强调，1994年的时候互联网根本没有进入美国政府的视野，全球接入互联网基本上都是民间自发的行为。

在商业明星占据媒体焦点的中国互联网界，胡启恒的名气到底有多大？当然不大。大多数普通百姓可能都不知道她。她与马云、马化腾、李彦宏等人的名气更是没法相比的。但是，我越是跳出中国，走向世界，越是感受到胡启恒的名气之大。我在海外采访互联网先驱，让他们评述中国互联网的时候，他们提到的第一个名字常常是胡启恒（英文是 Madam Hu）。而且对于胡启恒的评价，无不是充满敬意。国际社会这种独一无二的敬重，无疑是对她最好的肯定。

黄澄清是胡启恒当年在中国互联网协会的搭档（胡启恒是理事长，黄澄清是秘书长，他们两人搭档创造了中国互联网协会的黄金十年）。说到胡理事长的时候，黄澄清特别动容。他说，胡理事长从来不领取协会的报酬，有一次他去胡启恒家里，看到家里如此俭朴，让他掉出了眼泪。除了简单的桌椅，没有一件奢华的家具，与她的家庭背景和院士身份完全不匹配。只有对物质享受毫无追求的人，才能做到这种程度。在这个时代，这样的人已经越来越罕见了。

总之，因为有了胡启恒这样高风亮节的长者，中国互联网多了一份真正的互联网精神，有了一份沉厚务实的价值观，赢得了国际社会更多的尊重。无疑，这是中国互联网的大幸。她是中国当之无愧的互联网开创者。作为第一位入选国际"互联网名人堂"的中国人，胡启恒是中国互联网发展道路上一位大功臣。她是中国互联网人，是中国互联网的标志，是中国互联网的丰碑。

图为方兴东采访胡启恒当天的访谈笔记(部分)。

其他照片

2007年，胡启恒出席中国传媒产业高峰论坛。

2007年9月,在波茨坦,胡启恒与曾致力于推动互联网进入中国的部分专家在一起。前排左起:斯蒂芬·沃夫(美国)、胡启恒、纳纳·措恩(德国)。

2010年,胡启恒出席第四届中美互联网论坛。

2010年8月17日，第九次中国互联网大会，胡启恒做客凤凰网。

2012年9月，互联网大会，胡启恒向邬贺铨院士颁发最佳演讲人纪念。

其他照片

2012年9月10日，互联网协会第三届理事会第五次会议，这是胡启恒卸任前最后一次参加协会理事会。

2012年9月11日，中国互联网大会上，胡启恒致开幕词。

2012年9月12日,胡启恒在中国互联网大会上。

2012年9月13日,胡启恒在"梦想者——2012中国互联网创新与创业论坛"上致辞。

2013年8月3日，ISOC"互联网名人堂"入选仪式上，胡启恒与互联网缔造者之一温特·瑟夫合影。

人名索引

本书采用随文注释的方式。因书中提到人物较多,一些人物出现多次,只有首次出现时,才会注释。为方便读者,特做此索引。列表中的人名按照姓氏第一个字的汉语拼音排列,并在后面注明其首次出现的页码。

C

陈佳洱……………………………………029

D

丁　磊……………………………………082

人名索引

H

胡启立··················066

何德全··················070

黄澄清··················089

J

J.C.R.立克莱德（J.C.R. Licklider）··········100

L

李　俊··················038

卢　卫··················098

梁尤能··················024

吕新奎··················066

李彦宏··················082

罗伯特·卡恩（Robert Elliot Kahn）······100

M

毛　伟…………………………063

马　云…………………………082

马化腾…………………………082

N

宁玉田…………………………028

尼尔·莱恩（Neal Lane）……………032

Q

钱华林…………………………031

钱天白…………………………050

曲成义…………………………070

乔恩·波斯泰尔（Jon Postel）…………077

人名索引

S

宋　健……………………………031

师昌绪……………………………029

斯蒂芬·沃夫（Stephen Wolff）……… 033

斯蒂芬·戈德斯坦（Steven Goldstein）

……………030

T

田溯宁……………………………082

W

王运丰……………………………047

王行刚……………………………070

吴为民……………………………049

吴基传……………………………084

吴建平……………………………085

邬贺铨……………………………093

维纳·措恩(Werner Zorn)…………034

温特·瑟夫(Vint Cerf)……………042

X

许榕生……………………………081

Y

冀复生……………………………028

亚伦·斯沃茨(Aaron Swartz)…………015

Z

张　寿……………………………021

周光召……………………………021

朱开轩……………………………023

人名索引

朱高峰····················029

张兴华····················024

张树新····················081

张朝阳····················082

张玉台····················087

参考资料（部分）

[1] 陈拥军. 专访胡启恒院士：互联网推动了中国社会的进步[EB/OL].（2004-04-20）. http://it.sohu.com/2004/04/20/97/article219889792. shtml.

[2] 人民网. 中国互联网协会理事长胡启恒谈"国外互联网管理"[EB/OL].（2006-05-24）.http://www.people.com.cn/ GB/32306/54155/57487/ 4401050.html.

[3] 林军. 我们都该记住那个叫胡启恒的老人并祝她永远健康[EB/OL].（2008-09-27）. http://home.donews.com/ donews/ article/1/129258.html.

[4] 韩枝. 记录: 从羊肠小道走进中国的互联网[EB/OL]. (2008-11-21). http://tech.sina.com.cn/i/2008-11-21/00252593395.shtml.

[5] 潘天翠. 互联网: 改变中国知多少——专访中国互联网协会理事长、工程院院士胡启恒[J]. 对外传播, 2008 (12).

[6] 中国教育和科研计算机网. 胡启恒: 互联网的缘起及其在中国的早期发展[EB/OL]. (2008-12-02). http://www.edu.cn/li_lun_yj_1652/20081202/t20081202_344154.shtml.

[7] 胡启恒: 网络的监督作用不可替代[EB/OL]. (2009-11-02). http://news.xinhuanet.com/internet/2009-11/02/content_12375181.htm.

[8] 刘佳. 中国互联网诞生地[J]. 互联网周刊, 2009 (20).

[9] 王舒怀，徐丹，尹晓宇. 互联网"强"国我们还有多远——专访中国互联网协会理事长、中国工程院院士胡启恒[N]. 人民日报，2010-12-07（15）.

[10] 中国科学技术协会调研宣传部编. 璀璨群英：科协人物采访录（上册）[M]. 北京：中国科学技术出版社，2011.

[11] 袁楚. 中国互联网协会 10 年发展——独家专访原中国科学院副院长、现中国互联网协会理事长胡启恒[J]. 互联网天地，2011（5）.

[12] 中国互联网协会. 胡启恒理事长入选 2013 国际互联网名人堂[EB/OL].（2013-06-26）. http://www.isc.org.cn/zxzx/xhdt/listinfo-26559.html.

[13] 洪黎明. 胡启恒：荣誉属于先驱，未来在于我们[EB/OL].（2013-07-26）. http://news.xinhuanet.com/info/2013-07/26/c_132575418.htm.

[14] 人民网强国论坛. 胡启恒：中国互联网应与世界融合，好好练内功[EB/OL].（2013-08-08）. http://fangtan.people.com. cn/ n/2013/0808/c147550-22496923.html.

[15] 黄澄清主编. 平和心态　网络人生[M]. 北京：人民邮电出版社，2014.

[16] 冯丽妃，张雅琪. 中国互联网在开放中跨越——中国工程院院士胡启恒谈中国互联网发展 20 年[N]. 中国科学报，2014-08-22（2）.

[17] 国家互联网信息办公室，北京市互联网信息办公室. 中国互联网 20 年：网络大事记篇[M]. 北京：电子工业出版社，2014.

[18] 闵大洪. 中国网络媒体 20 年（1994—2014）[M]. 北京：电子工业出版社，2016.

编后记 1

站在一百年后看

赵 婕

热闹场中做一件冷静事

昨天、去年的一张旧照片、一件旧物,意义不大。但,几十年、上百年甚至更久之前,物是人非时的寻常物,则非同寻常。

编后记 1

试想，今日诸君，能在图书馆一角，翻阅瓦特发明蒸汽机的手记，或者蔡伦在发明纸的过程中，与朋友探讨细节之往来书帖。这种被时间加冕的力量，会暗中震撼一个人的心神，唤起一个人缅怀的趣味。

互联网在中国，刚过 20 年。对跋涉于谋生、执著于财富、仰求于荣耀、迷醉于享乐、求援于问题的人来说，这个工具，还十分新颖。仿佛济济一堂，尚未道别，自然说不上怀念。

人类的热情与恐惧，更多也是朝向未来。

一件事情的意义，在不被人感知时，最初只有一意孤行的力量。除了去做，还是去做，日复一日。一个人，不管他是否真有远见，是否真懂未雨绸缪，一旦把抉择的航程置于自己面前，他只能认清一个事实：航班可延误，乘客须准点。

一切尚在热闹中，需要有人来做一件冷静事。

方兴东意识到，这是一件已经被延误的事情，有些为互联网开辟草莱的前辈，已经过世了。在树下乘凉、井边喝水的人群中，已找不到他们的身影。快速迭代的互联网，正在以遗迹覆盖遗迹。他遗憾，"互联网口述历史"（OHI）还是开始得晚了一点，速度慢了一点。他深感需要快马加鞭，需要得到各方的理解与支持。

提早做一件已延误的事

步履维艰的祖母费力地弯腰为刚学步的孩子系上散开的鞋带，在有的人眼里，是一幅催人泪下的图景。一种面向死亡和终极的感伤，正如在诗人波德莱尔眼里，芸芸众生，都只是未来的白骨。

本杰明·富兰克林说："若要在死后尸骨腐烂时不被人忘记，要么写出值得人读的东西，要么做些值得人写的事情。"

编后记 1

中国步入互联网时代以来,已有许多人做出了值得一书的事情。

然而,"称雄一世的帝王和上将都将老去,即使富可敌国也会成灰,一代遗风也会如烟,造化万物终将复归黄泥,遗迹与藩篱都已渐渐褪去。叱咤风云的王者也会被遗忘……"

因此,需要有人再做一件事:把发生在互联网时代里,值得记载的事情,记录下来。

必然的历史,把偶然分派给每一位创造历史的人。当初,这些人并不曾指望"比那些为战争出生入死的人更为不朽",今日,还顾不上指望名垂青史。

来记录这段历史的人,绝不是为某人歌功颂德,而是要尽早做一件已延误的事。

那些发生的事情的来龙去脉,堆积在这个时代的身躯上。对重史崇文的中国人,自然会懂得民族长存的秘密，与汉字书写、与"鉴过往知来者""宜子孙"的历史和源远流长的中华文化密切相关。

过去仍在飞行

2007年年初，《"影响中国互联网100风云人物"口述历史》等报道出现在媒体上。接受采访的方兴东说："口述历史大型专题活动，将系统访谈互联网界最有影响力的精英，全面总结互联网创新发展经验。"

当时，互联网实验室和博客中国共同策划的口述历史大型专题活动在北京启动。这是"2007互联网创新领袖国际论坛"的重要组成部分。该论坛由原信息产业部指导，互联网实验室等单位共同举办。科技中国评选"影响中国互联网100风云人物"。

口述历史的对象，主要来自评选出的100位风云人物，包括互联网创业者、影响互联网发展的风险投资和投资机构、互联网产业的基础设施建设者、对互联网产业影响巨大的国内外企业经理人、互联网产业的思想家和媒体人乃至互联网产业的关键决策者,以及互联网先行者和技术创新的领头人。

方兴东认为,这些人物是互联网产业的英雄,他们富有激情和梦想,作为中国互联网的先锋人物,曾经或现在战斗在中国互联网的最前沿,对促进中国互联网发展做出了不同的贡献。口述历史,将梳理他们的发展历程,以媒体的视角来展示历史上精彩的一页,为互联网产业下一个10年的创新发展提供有益的参考。

在关注眼前、注重实效的现今业态下,人们似乎更乐于历史的创造,而非及时的回顾,尽管互联网"轻舟已过万重山",矜持的历史创造者们,恐怕还是认为"十几年太短"。

记述历史和写作并不是方兴东的主业,他自己也在创业,企业的责任和负担无人替代他。所以,几年来,他见缝插针,断断续续访谈了几十人。在这个过程中，思路也越来越清晰。

2014年春，中国互联网发展20周年之际，方兴东正式组建了编辑出版"互联网实验室文库"的团队，"互联网口述历史"成为了这个团队的首要工作。

"在采摘时节采摘玫瑰花苞。过去仍在飞行。"

在方兴东眼里，中国互联网20年来得太激动人心了。互联网的第三个10年又开启了。很多人顺应、投入了这段历史，无论其个人最终成败得失如何，都已成为创造这段历史的合力之一。可能接下来互联网还会越做越大，但是最浪漫的东西还是在过去20年里。他觉得应该把这些最精彩的东西挖掘出来。趁着还来得及，有些东西需要有人来总结。有些人的贡献，值得公正、精彩、生动、详细地留下记录。

正是这样一个时代契机，各年龄、各阶层、各行业的草根或精英，有人穷则思变，有人"现世安稳岁月静好"，但都从各个位置，甚至是旁观位置，加入了这个"时代合唱",成就了一种不谋而合的伟大,造就了乱花迷眼的互联网江湖。

方兴东自认为,投入"互联网口述历史"这件工作量巨大的事情,也有一些不算牵强的前提。他出生于世界互联网诞生的1969年,在中国出现互联网的1994年,他恰好到北京工作。他的故乡浙江是中国另一个巨大的"互联网根据地"。二十年间,他奔波北京、杭州之间,足迹留到全国各地,全程深度参与中国互联网事业,与各路英雄好汉切磋交往,也算近水楼台,大家能坦诚交谈,让这件事发生得十分自然。

还原互联网历史的丰富性

众所周知,互联网是一个不断制造神话又毁灭神话的产业,这个产业的悲壮和奇迹,出于无数人的努力奋斗、成就辉煌、前仆后继。

就如方兴东所说:"即使举步维艰,互联网天空,依然星光闪耀。至于现在这颗星星还是不是那颗星星,并没有太多的人关注。新经济、泡沫、烧钱、圈钱、免费、亏损,等等,几个极其简单的词汇,就将成千上万年轻人的激情和心血盖棺论定了——剔除了丰富的内涵,把一场前所未有的新技术革命苍白地钉在了'十字架'上。既没有充分、客观地反映这场浪潮的积极和消极之处,也无法体现我们所经历的痛楚和欣喜。"

从"互联网口述历史"最初访谈开始,方兴东希望尽力还原这种"丰富的内涵"。

在中国互联网历程中过往的这些人物,不会没有缺点,也不可能没有挫折。起起伏伏中,他们以创新、以创业、以思想、以行动,实质性地推动了中国互联网的发展进程。"互联网口述历史"希望在当事人的记忆还足够清晰时,希望那些年事已高的开拓者还健在时,呈现他们在历史过程中的个性、素养和行为特质,把推进历史的坦途和弯路地图都描绘出来,以资来者。

在讲述过程中，个人的戏剧性故事，让未来的受众也能在趣味中了解口述者的人生轨迹和心路历程。

因此，"互联网口述历史"最初明确定位为个人视角的互联网历史，重视口述者翔实的个人历程。在互联网第一线，个人的几个阶段、几种收获、几个遗憾、几条弯路，等等；如果重来，他们又希望如何抉择，如何重新走过？概括起来，至少要涉及四个方面：个人主要贡献（体现独特性）、个人互联网历程（体现重要的人与事）、个人成长经历（体现家庭背景、成长和个性等）、关键事件（体现在细节上）。

但互联网又是个体会聚的群体事业。在中国互联网风风雨雨的历程中，在个人之外，还有哪些重要的人和重要的事，哪些产业界重大的经验和惨痛的教训，哪些难忘的趣闻逸事，如何评说互联网的功过得失及社会影响，等等，也是"互联网口述历史"必不可少的内容。

多元评价标准

"互联网口述历史"希望有一个多元评价标准。方兴东认为,目前在媒体层面比较成功的人士,他们的作用肯定是毫无疑问的。这么多用户在用他们的产品,他们的产品在改变着用户。我们一点都不贬低他们,同时也看到,他们享受了整个互联网所带来的最大的好处。中国互联网的红利给少数人披红挂彩。他们是故事的主角,但参演者远远大于这个群体。所以,"互联网口述历史"一定是个群像,有政府官员、投资者、学者、技术人员和民间人士等,当然,企业家是主角中的主角。

很多人很想当然地觉得,中国互联网在早期很自然就发生了。实际上,今天的成就,不在当初任何人的想象中,当初谁也没有这个想象力。"互联网口述历史"尤其不能忽略早期那些对互联网起了推动作用的人。当时,不像今天,大家都知道互联网是个好东西。当初,互联网是一个很有争议的东西。他们做的很多工作很不简单,是起步性的、根基性的,影响了未来的很多事情。当年,似乎很偶然,不经意的事情影响了未来,但其发生和发展,有其内在的必然性。这些开辟者,对互联网价值和内在规律的认识,不见得比现在的人差。现在互联网这么热闹,这么丰富,很多人是认识到了,但对互联网最本源的东西,现在的人不见得比那时的互联网开创者认识得深。

时势造英雄

生逢其时,每一位互联网进程的参与者,都很幸运,不管最后是成功还是失败,有名还是无名。因为这是有史以来最大的一次技术革命浪潮。这个技术革命浪潮,方兴东认为,也要放在一个时代背景下,包括改革开放、九二南巡,包括经济发展到一定阶段,电信行业有了一定基础,这些都是前提。没有这些背景,不可能有马云、马化腾,也不可能有今天。

方兴东认为,不能脱离时代背景来谈互联网在中国的成功,其一定是有根、有因、有源头,而不是无中生有、莫名其妙,就有了中国互联网的蓬勃发展。

20世纪80年代的思想开放,与互联网精神、互联网价值观,有很多吻合之处。中国互联网从一开始,没有走错路、走歪路,没有出现大的战略失误。从政府主营机构,到具体政策的执行人,到创业者,包括媒体舆论。

中国特色互联网

中国与美国相比,是一个后发国家。互联网的很多基础技术、标准、创新都不是我们的,是美国人发明的,我们就是用好,发扬光大,做好本地化。方兴东认为,对于更多的国家来说,中国的经验实际上更有参考价值。因为相对于这些国家来说,中国又变成了一个先发国家。毕竟,现在全世界,不上网的人比上网的人要多。更多国家要享受互联网的益处,中国具有重要参考意义。因此,"互联网口述历史"具有国际意义。我们做这些东西,不是为了歌功颂德,而是为了把这些人留在历史里,才把他们记录下来。

编后记 1

不能缺席的价值观

互联网在中国的成功,毫无疑问,超出了所有人的想象。但是,方兴东认为,中国互联网仍存在明显的问题,例如,过分的商业化、片面的功利化、时髦和时尚借口下的浅薄化存在于互联网当中,而且可能会误导互联网发展。"互联网口述历史"希望在梳理历史的过程中,能把这些问题是非分明地梳理出来。

从理想的角度来看,互联网应该成为推动整个中国崛起的技术的引擎,它带来的应该是更多积极、正面的力量、方便和秩序。互联网的从业者,包括汇聚了巨大财富和社会影响力的人,如果他们能够有理想,互联网在中国的变革作用会大得多。互联网的大佬们是巨大财富和巨大影响力的托管人,他们应该考虑怎样把自己的财富和影响力用好,而不是简单作为个人的资产,或者纯个人努力的结果。在个人性和公共性方面,如果他们有更高的境界、更清醒的意识和更多的自觉,会比现在好得多。现在,总体上来说,是远远不够的。

方兴东认为,中国互联网20年来,真正最有价值、最闪光的东西,不一定在这些大佬们身上,反倒可能在那些不那么知名的人身上,甚至在没有从互联网挣到钱的人身上。推动中国互联网历史进程关键点的人,也不一定是这些大佬。因此,"互联网口述历史"采访名单的甄选,是站在这样的观点之上的,可能与有些媒体的选择不同。

站在一百年后看

中国互联网的历史,从产业、创业、资本、技术及应用等方面看,是一部中国技术与商业创新史;从法律法规、政府管理举措、安全等方面看,是一部中国社会管理创新史;从社会、文化、网民行为等方面看,是一部中国文化创新史。

目前，我们在国内采访的人物已达 100 余位，主要是三个层面的人物，能够全景、全面反映中国互联网创业创新史。以前面 100 个人为例，商业创新约 50 人，细分在技术、创业、商业、应用和投资等层面；制度创新约 25 人，细分在管理、制度和政策制定等层面；文化创新约 25 人，细分在学术、思想、社会和文化等层面。他们是将中国社会引入信息时代的关键性人物，能展示中国互联网历史的关键节点。采访着眼于把中国带入信息社会的过程中，被访者做了什么。通过对中国互联网 20 年的全程发展有特殊贡献的这些人物的深度访谈，多层次、全景式反映中国互联网发生、发展和崛起的真实全貌，打造全球研究中国互联网独一无二的第一手资料宝藏。

王羲之曾记下永和九年一次文人的曲水流觞的雅事，"列叙时人，录其所述"，让世世代代的后人从《兰亭集序》的绝美墨迹中领略那一次著名的"春游"，"虽世殊事异，所以兴怀，其致一也。后之览者，亦将有感于斯文。"

方兴东希望通过"互联网口述历史"项目的文字、音频、视频等各种载体，让一百年后的人、甚至是更远的未来者看到中国是怎么进入信息社会的，是哪些人把这种互联网文明带入中国，把中国从一个半农业、半工业社会带入了信息社会。

2014年，从全球"互联网口述历史"项目的工作全面展开，到2019年互联网诞生50周年之际，我们将初步完成影响互联网的全球500位最关键人物的口述采访工作。这一宏大的、几乎是不可能完成的任务，正在变为现实！

编后记 2

有层次、有逻辑、有灵魂

刘 伟

"互联网口述历史"的维度与标准

"互联网口述历史"（OHI）是方兴东博士在 2007 年发起的项目，原是名为"影响中国互联网 100 人"的专题活动，由互联网实验室、博客网（博客中国）等落实执行。在经过几年的摸索与尝试后，2010 年，方兴东博士个人开始撸起衣袖集中参与和猛力突击。因此,"互联网口述历史"在2007年至2009年是试水和储备,真正开始在数量上"飞跃"起来,是从2010年下半年开始的。

这些年,方兴东博士一边"创业",一边默默采集、积累"互联网口述历史"的宏巨素材。一路走下来,前前后后的几个助理扛着摄像机、带着电脑跟着他。助理们有走有来,而他,一坚持就是十年。

2014年,我从《看历史》杂志离职,参与了"互联网实验室文库"的筹备,主持图书出版工作,致力于打造出"21世纪的走向未来丛书"。"互联网实验室文库"的出版工作包括四大方向:产业专著、商业巨头传记、"口述历史"项目、思想智库。

在之后的时间里,"互联网实验室文库"出版了产业专著、商业巨头传记、思想智库方向的十余本书,而"口述历史"却未见成果出品。当然,这是因为"口述历史"创造了六个"最"——所需的精力消耗最大,时间周期最长,整理打磨最精,查阅文献资料最繁,过程折磨最多,集成的自主性最少……

以往,一本书在作者完成并有了书稿后,进入编辑流程到最后出版,是一个从 0 到 1 的过程。而为了让别人明白做"口述历史"的精细和繁冗,我常说它是从-10 到 1 的过程。因为"口述历史"是一个"掘地百尺"的工作,而作为成果能呈现出来的,只不过是冰山一角。在"口述历史"的整理之外,我们还积累形成了 10 余万字的互联网相关人物、事件、产品、名词的注释(词条解释),50 余万字的中国互联网简史(大事记资料),以及建立了我们的档案保存、保密机制等,这些都是不为人知的,且仅是我们工作的一小部分。

"过去"已经成为历史,是一个已经灰飞烟灭的存在,人们留下的只是记忆。"口述历史"就是要挖掘和记录下人们的记忆,因为有太多的因素影响着它、制约着它,所以,我们需要再经稽核整理。因此,"口述历史"中的"口述者"都是那些历史事件的亲历、亲见、亲闻者。

北京大学的温儒敏教授曾经这样评价"口述历史"这一形式:"这种史学撰写有着更为浓厚的原生态特色,摆脱了以往史学研究的呆板僵化,因而更加生动鲜活,同时更多的人开始认识到这种口述历史研究的学术价值,而不是仅仅被视为一种采访。相对于纯粹的回忆录和自传,这种口述历史多了一种真实到可以触摸的毛茸茸的感觉。"

"口述历史"让历史变得鲜活,充满质感,甚至更性感。

我在采访方兴东博士,要其做"访谈者评述"时,他曾在评述之前说了这么一段话:"互联网不仅仅是那些少数成功的企业家创造的,它实际上是社会各界共同创造的一个人类最大的奇迹——中国互联网能够有8

亿网民，这绝对是全球的一个奇迹。中国有一大批人，他们是互联网的无名英雄，基本上在现在的主流媒体上看不到他们。但我觉得这些人在互联网最初阶段，在中国制定轨道的过程中，铺了一条方向上正确的道路，而且很多东西当年可能是一件很小的事情，但实际上最终起了关键性的作用。我们试图在'互联网口述历史'里，把这个群体中的代表人物挖掘出来、呈现出来。"

我想，这是方兴东博士的初心，也是"互联网口述历史"项目产生的源头。

出版人和作家张立宪（自称老六，出版人、作家，《读库》主编——编者注）曾讲过一则与早期的郭德纲有关的故事："那时候郭德纲还默默无闻，他在天桥剧场的演出只限于很小的一个圈子里的人知道……当时就和东东枪商量，我们要做郭德纲，这个默默无闻的郭德纲。但是世界的变化永远比我们想象中的快，从东东枪采访郭德纲,到最后图书出版大概是半年的时间,在这几个月的时间里,郭德纲老师已经谁都拦不住了。那时候就连一个宠物杂志都要让郭德纲抱条狗或者抱只猫上封面,真的是到那个程度。但是我们依然很庆幸,就是我们在郭德纲老师被媒体大量地消费、消解之前,我们采访了他,'保存'了他。一个纯天然绿色的郭德纲被我们保留下来了。其实这也是某种意义上的抢救,这种抢救不仅仅指我们把一个很了不起的人,在他消失之前、在他去世之前给他保存下来;也包括像郭德纲老师这样的人,他虽然现在依然健在,但是'绿色'郭德纲已经不见了,现在是一个'红色'的郭德纲。"

从某种程度上讲,"互联网口述历史"也是在尽可能抢救和保留"绿色"的互联网人。所不同的是,我们不是预测,而是寻找、挖掘、记录、还原、保存。因为我们是基于"历史",是事发之后的、热后冷却的、不为人知的记载。至于"绿色"的意义,我想就像常规访谈与口述历史的差别,因为所用的方法、工艺、时间、重心完全不同,当然也就导致了目的与结果的不同。

"口述历史"是访谈者和口述者共同参与的互动过程,也是协同创造的过程。因此,"口述历史"作品蕴含着口述者和访谈者(整理者、研究者)共同的生命体验。

"口述历史"一般有专业史、社会史、心灵史几个维度。在"互联网口述历史"中,因选题缘故,我们还辐射了更多不同的维度与向度,如技术史(商业史)、制度史(管理史)、文化史(社会变革史)以及经济学家汪丁丁教授强调的思想史。

在"互联网口述历史"近十年的采集过程中,其技术设备一样经历了"技术史"的变迁。例如,在2007—2013年,用的还是录像带摄像机,而在2014—2016年,用的是存储卡摄像机。

"互联网口述历史"从采集到整理的过程中,我们始终秉承着这样几个标准:有灵魂、有逻辑、有层次、有侧重,注重史实与真相。

"互联网口述历史"的取舍与主张

在采集回的资料的使用上,我们采用了"提问+口述+注释"的整理方式,而非"撰文+口述"的编撰方式。这样的选择,就是为了能够不偏不倚、原汁原味地还原现场,并且不破坏其本身的脉络与构造,以及我们在其上的建构。我们希望做到,像拓片与石碑的关联。

在资料整理过程中,我们也是严格按照"口述历史"的方式整理、校对、核对、编辑、注释、授权、补充、确认、保存的(为什么授权顺序靠后,我在后面解释),但在图书出版的最后,也就是目前呈现在读者眼前的文本——严格意义上说已经不是特别纯的"口述历史"了。因为读者会看到，我们可能加入了5%左右别处的访谈内容。这么做有的是因为文本需要，有的是因为空缺而做的"补丁"，有的是口述者提供希望我们有所用的。对这些内容的注入，我们做了原始出处的标注，并同样征得了"口述者"的确认。

在整理的过程中，应访谈者的要求，我们弱化了其角色特征，适当简化了访谈者在访谈中的追问、确认、区辨等"挖掘"过程，尽可能多地呈现口述者的口述内容，即直接挖出的"矿"；也简化了部分现场访谈者对口述者的某些纠正。这样的纠正有时是一来二去，共同回想，提坐标、找参照，最终得以确定。这样的"简化"也是为了方便和照顾读者，我们尽量压缩了通往历史现场过程中的曲折与漫长。

在时间轴上，我们也尽量按照时间发展顺序做了调整，但因"记忆"有其特殊性，人的记忆有时是"打包"甚至"覆盖"的（只有遇到某些事件时，另一些事才能如化学效应般浮现出来，而如果遇不到这些事件，它可能就永远沉没下去了），因此，会有部分"口述者"的叙事在"时间点"上有连接和交叉，所以，显得稍有些跳跃或回溯。在这种情况下，我们没有为了梳理时间顺序而强行分拆、切割或拼搭。

在口语上，我们仍尽可能保留了各"口述者"的特色和语言风格，未做模式化的简洁处理。所以，即使经过了"深加工"的语言，也仍像是"原生态的口语"，只是变得更加清晰。

时常有人关心地问："你们的'互联网口述历史'怎么样了？怎么弄了这么久？"其实这是难以言表的事，我们很难让人了解其中的细节和背后的功夫。"口述历史"中的那些英文、方言、口音、人名、专业词汇，有时一个字词需要听十几遍才能"还原"；有时一个时间需要查大量资料才能确认；与"口述者"沟通，以及确认的时间，有时又以"年"为沟通的时间单位，需要不断询问与查证，因为这期间也许遇有口述者的犹豫或繁忙；为了找到一条"语录"，我们可能要看完"口述者"的所有文章、采访、演讲……就是这一点又一点的困难、艰辛、阻碍，造成了"口述历史"的整理及后续的工作时间是访谈时间的数十倍。

台湾地区的"中央研究院近代史研究所"前所长陈三井曾说："口述历史最麻烦的是事后整理访问稿的工作。这并不是受访人一边讲，访问人一边听写记录就行了。通常讲话是凌乱而没有系统性的，往往是前后不连贯，甚至互有出入的。访问人必须花费很大的力气加以重组、归纳和编排，以去芜存菁。遇有人名、地名、年代或事物方面的疑问，还必须翻阅各种工具书去查证补充。最后再做文字的整理和修饰工作，可见过程繁复，耗时费力，并不轻松。"

我曾和团队同事分享过这样一个比喻：整理口述

历史，就像"打扫"一个书柜，有的人觉得把木框擦干净就可以了；有的人会把每一本书都拿下来然后再擦一遍书架；还有的人在放进去之前会把每本书再轻拭一遍。而我们呢？除了以上动作，还需要再拿一根针把书架柜子木板间的缝隙再"刮"一遍，因为缝隙里会有抹布擦拭的碎纤维、积累的灰尘、纸屑，甚至可能有蛀木的虫卵……（我当时分享这个比喻的初衷，就是提示我的同事，我们要细致到什么程度。现在看来，这个比喻也同样表现了我们是怎么样做的。）

在"互联网口述历史"的出版形式上，我们也曾纠结于是多人一本，还是一人一本。在最早的出版计划中，我们是计划多人一本（按年份、按事件、按人物），专题式地出版一批有"体量"的书。当多人一本的多本"口述历史"摆在一起时，才能凸显"群雕"的伟岸，也因为多人一本的多文本原因，读者阅读起来会更具快感，对事件的理解视角也更宽广，相互映照补充起来的历史细节及故事也更加精彩（也就是佐证与互证的过程)。

然而实际情况是,我们没有办法按照这种"完美"的形式去出版。因为"口述历史"是一个逐渐累积的过程,无论是前期的访谈,中期的整理,还是后期的修订、确认,它们都在不同时间点有着不同程度上的难点,整个推进过程是有序不交叉且不可预知的。最早采访和整理的也许最后才被口述者确认;最应先采访的人也许最后才采访到;因为在不停地采访和整理,永远都可能发现下一个、新的相关人……这样疲于访谈,也疲于整理。囿于各种原因,我们没办法按照我们"梦想"的方式出版。因此,最终我们选择了呈现在读者眼前的"一人一本"的出版方式,出版顺序也几乎是按照"确认"时间先后而定的。我们同样放弃了优先出版大众名人、有市场号召力的人物、知名度高的口述者,以带动后面"口述历史"的想法。

尽管我们遗憾未能以一个更宏伟具象的"全景图"

的形式出版，但一本一本地出版，也有专注、轻松、脉络清晰、风格一致的美感，仍能在最后呈现出某种预期的效果。未来也仍能结集为各种专题式的、多人一本的出版物，将零散的历史碎片拼接成为宏大的历史画卷。因此，希望读者能理解，目前的选择是在各种原因、条件和实际困难"角力"后的结果，这其中有得有失，瑕瑜互见。为体恤读者，呈现群雕之张力，我在这里列举几位口述者的"口述历史"标题，先睹为快：《胡启恒：信息时代的人就该有信息时代的精神》《田溯宁：早期的互联网创业者都是理想主义》《张朝阳：现在的创业者一定要设身处地想想当时》《张树新：我本能地对下一代的新东西感兴趣》《吴伯凡：中国互联网历史，一定是综合的文化史》《陈年：以前互联网都很苦，大家集体骗自己》《刘九如：培训记者，我提醒他们要记住自己的权利》《胡泳：人们常常为了方便有趣而牺牲隐私》《段永朝：碎片化是构成人的多重生命的机缘》《陈彤：我做网络媒体之前也懵懂过》《王峻涛：创业时想想，要做的事是水还是空气》《陈一舟：苦闷是必需的，你不苦闷凭什么崛起》《黎和生：其实做媒体主要是做心灵产品》《冯珏：现在的互联网没当年的理想和热情了》《王维嘉：人类本性渴望的就是千里眼、顺风耳》《洪波：中国互联网产业能发展到今天得益于自由》《方兴东：互联网最有价值的东西，就是互联网精神》《陈宏：当时想做一个中国人的投行，帮助中国企业》《许榕生：我所做的其实只是把国外的技术带回中国》……举例还可以列很长很长，因为目前我们已整理完成了60余人的口述历史，以上举例的部分"口述历史"标题，有些可能稍有偏颇，甚至因为脱离了原有的语境而变成了另外的意思；有些可能会对"口述者"及业界稍有冒犯；有些可能会与实际出版所用标题有所出入。在此，希望得到读者的理解和谅解。

在事实与真相上，我们也希望读者明白：没有"绝对真相"和"绝对真实"。我们只是试图使读者接近真相，离历史更近一些。"口述历史"不能代替对历史的解释，它只是一项对历史的补充。同时希望读者能够继续关注和阅读，我们将继续出版更多的"互联网口述历史"，形成更广大的历史的学习和理解视角，以避免仅仅停留在对文字皮相的见解上。我们也要明白，还要有更多的阅读，才能还原群体之记忆。不同口述者在叙述相同事件时，一些细节会有不同的立场和不同的描述，甚至有不小的差别，这些还需要我们继续考证。

中国现代文学馆研究员傅光明曾说："历史是一个瓷瓶，在它发生的瞬间就已经被打碎了，碎片撒了一地。我们今天只是在捡拾过去遗留下来的一些碎片而已，并尽可能地将这些碎片还原拼接。但有可能再还原成那一个精致的瓷瓶吗？绝对不可能！我们所做的，就是努力把它拼接起来，尽可能地逼近那个历史真相，还原出它的历史意义和历史价值，这是历史所带给我们的应有的启迪或启发。"

编后记 2

尽管"互联网口述历史"项目目前是以书籍的形式出现的,展现的是文本,但我们希望在阅读体验上,能够呈现出舞台剧的效果,令读者始终有"在场感"。在一系列访谈者介绍、评述过后,可以直接看到"口述者"和"访谈者"坐在你面前对话;"编注"就是旁白;"语录"是花絮,方便你从思想的层面去触摸和感受"口述者";"链接"是彩蛋,时有时无,它是"口述者"的一个侧面,或与其相关的一些细枝末节;"附录"是另一种讲述,它是一段历史的记录,来自另一个时空中。当"口述历史"本身完结后,"口述者"或说或写的会成为一段历史、一批珍贵的历史资料。你会发现,在历史深处的这些资料,也许曾是预言,也许在过去就非常具有前瞻性,也许它是一种知识的普及,也许它是对"口述历史"一些细节的另外的映照或补充,也许它曾是一个细分领域的入口或红利的机会……

有些口述者讲述了自己儿时或少年的故事,用方兴东博士的话说:那是他们的"源代码"。

美国口述历史学家迈克尔·弗里斯科（Michael Frisch）说："口述历史是发掘、探索和评价历史回忆过程性质的强有力工具——人们怎样理解过去，他们怎样将个人经历和社会背景相连，过去怎样成为现实的一部分，人们怎样用过去解释他们现在的生活和周围的世界。"

"互联网口述历史"的形式与意义

做"口述历史"时常有遗憾（它似乎是一门遗憾的学问和艺术）。遗憾有人拒绝了我们的访谈请求（有些是因为身份不便；有些是因为觉得自己平凡，所做过的事不值得书写）；遗憾有些贡献者已经离开了我们，无法访谈；遗憾一些我们整理完毕已发出却无法再得到确认的文本；遗憾一些确认的文本被删得太多；遗憾一些我们没问及的内容，再也补不回来；遗憾一些口述者避而不谈的内容；遗憾不能让历史更细致地呈现；遗憾一些详情不便透露；遗憾有些口述者已经不愿再面对自己曾经的口述，因而拒绝了确认和开放；遗憾我们曾通过各种资料、各种方法抵达口述者的内心，但能呈现给读者的仍不过是他们的一个侧面，他们爱的小动物、他们做的公益等，囿于原材料和呈现方式，这些都无法在一篇口述历史中体现；有些东西小而闪光，但我们没法补进来，遗憾有些补进来了又被删掉了；遗憾文本丢掉的"镜头语言"，如"口述者"的表情、动作、笑容、叹息、沉默、感伤、痛苦……遗憾"文本"丢失了"口述者"声音的魅力；遗憾我们没有更先进的表达和呈现方式（我们拥有"互联网口述历史"的宝贵资料和"视听图影"资源，却不能为读者呈现近乎 4D、5D 的感官体验，也未能将文本做成"超文本"）；遗憾我们时间有限、人力有限、精力有限……无论如何，今天呈现在读者面前的并不是"最好的成果"，它还有待您与我们共同继续考证、修正、挖掘和补充，它也可能只能存在于我们的梦想和希冀之中了。

尽管到目前为止我们已经做了许多工作,但也依然只是一小部分,我们仍处于采集、整理阶段,在运用、研究等方面,我们还少有涉及。未来,"互联网口述历史"会被运用到各类社会、行业研究和课题中,被引入种种类型、种种框架、种种定义、种种理论、种种现象、种种行为、种种心理结构、种种专业学科中,成为万象的研究结果,以及种种假设中的"现实"依据,解答人们不一的困境和需求。它还可以生成各类或有料、有趣、有深度、有沉积的数据图、信息图,实现信息可视化、数据可视化。

因为"互联网口述历史"还能抚育出无数的东西,所以,这又几乎是一项永远未竟的事业。

呈现在读者面前的"口述历史",是有所删减的版本,为更适于出版。尽管"互联网口述历史"先以图书的形式呈现,但图书只是"互联网口述历史"的一种产品形式，而且只是一个转化的产品，它并非"互联网口述历史"的最终产品和唯一产品。自然地，由于图书本身的特性及文化传播价值，它也得到我们出版单位和社会各界的重视和支持。本套"互联网口述系列丛书"，也获得了国家出版基金的支持。2017年年底，根据刘强东口述出版的作品《我的创业史》，获得了《作家文摘》评选的年度十佳非虚构图书。在一批中国"互联网口述历史"之后，我们将推出国外"互联网口述历史"。除图书外，未来我们也会开发和转化纪录片、视频等产品内容和成果，甚至成立博物馆及研究中心。总之，我们期待还能发展为更多有意义的形式和形态，也希望您能继续关注。

余世存老师在回忆整理和编写《非常道》的过程中，说自己当时"常常为一段故事激动地站起来在屋子里转圈，又或者为一句话停顿下来流眼泪"。

在整理"互联网口述历史"的过程中，我们同样深感如此。因为能触及种种场景、种种感受、种种人生，我们常常因"口述者"的激情、痛苦、人性光辉、思想闪光而震撼、紧张、欣慰，也曾被某一句话惊出冷汗；有些"口述者"的思想分享连续不断，让人应接不暇、让人亢奋激动、让人拍案叫绝、让人脑洞大开，甚至让人茅塞顿开；一些让我们心痛、落泪的故事，却在"口述者"的低声慢语间送达。同时，我们也"见证"了很多阻力与才智、生存与反抗、偶然与机遇、智虑与制度、弱德与英勇……每位口述者，都像一面镜子，映照出千千万万的创业者、创新者、先驱者、革命者、领跑者，还有隐秘的英雄、坚忍的失势者、挺过来的伤者、微笑转身者、孤独翻山者……

幸运地，我们能触碰这些"宝藏"。更加幸运地，今天的我们能把它们都保留下来、呈现出来，领受前辈们分享的无价礼物。

数字化大师、麻省理工学院教授尼葛洛庞帝

编后记 2

（Nicholas Negroponte）曾这样评价方兴东博士及"互联网口述历史"："你做的口述历史这项工作非常有意义。因为互联网历史的创造者，现在往往并不知道自己所做的事情有多么伟大，而我们的社会，现在也不知道这些人做的事情有多么伟大。"

也有非常多的人如此建议和评价方兴东博士的"互联网口述历史"："也别太用心费神，那种东西有价值、有意义，但是没人看……"

电子工业出版社的刘声峰曾说："这个工作，功德无量。"

在不同人的眼中，"互联网口述历史"有着不同的分量和意义。也许这项工程在别人眼中是"无底洞"，是"得不偿失"，是"用手走路"，是"费力不讨好"，是"杀鸡用牛刀"，但我们自有坚持下来的动力和源泉。

美国作家罗伯特·麦卡蒙（Robert R. McCammon）

在他的小说《奇风岁月》中有这样一段触动人心的文字："我记得很久以前曾经听人说过一句话——如果有个老人过世了，那就好像一座图书馆被烧毁了。我忽然想到，那天在《亚当谷日报》上看到戴维·雷的讣告，上面写了很多他的资料，比如，他是打猎的时候意外丧生的，他的父母是谁，他有一个叫安迪的弟弟，他们全家都是长老教会的信徒。另外，讣告上还注明了葬礼的时间是早上 10 点 30 分。看到这样的讣告，我惊讶得说不出话来，因为他们竟然漏掉了那么多更重要的事。比如，每次戴维·雷一笑起来，眼角就会出现皱纹；每次他准备要跟本斗嘴的时候，嘴巴就会开始歪向一边；每当他发现一条从前没有勘探过的森林小径时，眼睛就会发亮；每当他准备要投快速球的时候，就会不自觉咬住下唇。这一切，讣告里只字未提。讣告里只写出戴维·雷的生平，可是却没有告诉我们他是个什么样的孩子。我在满园的墓碑中穿梭，脑海中思绪起伏。这个墓园里埋藏了多少被遗忘的故

编后记 2

事，埋藏了多少被烧毁的老图书馆？还有，年复一年，究竟有多少年轻的灵魂在这里累积了越来越多的故事？这些故事被遗忘了，失落了。我好渴望能够有个像电影院的地方，里头有一本记录了无数名字的目录，我们可以在目录里找出某个人的名字，按下一个按钮，银幕上就会出现某个人的脸，然后他会告诉你他一生的故事。如果世上真有这样的地方，那会很像一座天底下最生动有趣的纪念馆，我们历代祖先的灵魂会永远活在那里，而我们可以听到他们沉寂了百年的声音。当我走在墓园里，聆听着那无数沉寂了百年、永远不会再出现的声音，我忽然觉得我们真是一群浪费宝贵资产的后代。我们抛弃了过去，而我们的未来也就因此消耗殆尽。"

我想，以上文字应该是所有"口述历史"工作者、研究者的共同愿望，同时它也回答了人们坚持下来的答案和意义。

尽管，我们做的是非常难的事。之前的一切访谈都是方兴东博士以个人的身份在做这件事，他自己或带着助理，联络、采访各口述者。2014年起，我们组建了团队，承担起了访谈之后的整理、保存、保密、转化、出版等工作，但却常常有逆水行舟之感。因为方兴东博士在当年访谈完毕后并没有与口述者签署授权，我们补要授权已经是在访谈多年之后了，这增加了我们工作推进的难度。对于口述者来说，因为时间久远，且当时访谈是一个人，事后联络、沟通、确认、跟进的是另一个人，这便有了种种不同的理解。我们要在其中极力解释和争取，一方面保护好口述者，另一方面保护好方兴东博士，甚至再细致地解释方兴东博士当年也许使对方知会过的"知情同意权"（我们要做什么，口述者有哪些权利，可能会被怎么研究，我们如何保密，有哪些使用限制，会转化哪些成果，等等），然后授权。然而，我们不得不面对的现实是：事隔多年，有的口述者已经不愿面对这一次的访谈了；

也有的是不愿面对口述历史这种文本/文体；甚至有的口述者不愿再面对曾经提到的这些记忆（因访谈之后间隔过长，他的理解、想法、心理、记忆清晰程度，都有了变化）。还有的，有些口述历史已经确认并准备出版，而方兴东博士又临时进行了再次的访谈，我们就要将新的访谈内容再补入之前的版本中，然后再让口述者确认。这几年间，方兴东博士作为发起人，他对"互联网口述历史"有感情、有想法、有感觉，因此，我们也陪同经历了多次大改动、大建议、大方向的调整（我们的"已完成"，一次次被摊薄了）……这些加在一起，使我们都觉得是在做难上加难的事（因为我们没能按照惯常口述历史工作方法的顺序）。

回顾这几年，"互联网口述历史"对我们来说，也像是某种程度的创业，这期间遇到了多少干扰和阻力，咽下了多少苦闷和误解，吞下了多少不甘和负气，忍下了多少寂寞和煎熬，扛下了多少质疑和冷眼，这些只有我们自己清楚。对于我个人,还要面对团队成员不同原因的陆续离开……有时也会突然懂得和理解方兴东博士,无论是他经营公司,还是做"互联网口述历史"。对于其中的孤独、煎熬和坚守,相信他也一样理解我们。

以多年出版人的身份和角度讲,我同样替读者感到高兴,因为"互联网口述历史"实在有太多能量了,就像一个宝藏(当然,这也归功于"口述历史"这个特别形式的存在),这些能量有很大一部分可以转化成为"卖点"。在"互联网口述历史"里,读者可以看到过去与今天、政治与文化、他人与自己,也能看到趋势、机会、视野、因果、思维方式,还有管理、融资、创业、创新,还有励志、成功,以及辛酸挫折、泪水欺骗、潦倒狼狈、热爱、坚持;这里有故事,也有干货;有实用主义的,也有精神层面的;有历史的 A 面,同样有历史的 B 面;甚至其中有些行业问题、创业问题,依然能透过历史照入今天,解决此时此刻你的困感与难题。所以，希望读者能够在我们不断出版的"互联网口述历史"中，各取所需，各得其所。希望在你困苦的时候，能有一双经验之手穿过历史帮助你、提醒你、抚慰你。也希望你在有收获之余，还能够有所反思，因为，"反思，是'口述历史'的核心"（汪丁丁语）。

最后想说的是，如果你有任何与"互联网历史"有关的线索、史料、独家珍藏的照片，或想向我们提供任何支持，我们表示感谢与欢迎。"互联网口述历史"始终在继续。

最后，感谢"互联网口述历史"项目执行团队！也感谢有你的支持！更多感激，我们将在"致谢"中表达！

2016 年 5 月 18 日初稿

2018 年 2 月 7 日复改

致 谢

在"互联网口述历史"项目推动前行的过程中,感激以下每位提到或未能提到,每个具名或匿名的朋友们的辛苦努力和关照!

感谢方兴东博士十年来对"互联网口述历史"的坚持和积累,因为你的坚韧,才为大家留下了不可估量的、可继续开发的"财富"。

感谢汪丁丁老师对"互联网口述历史"项目小组的特别关心,以及您给予我们的难得的叮嘱与珍

致 谢

贵的分享。

感谢赵婕女士,感谢你对我们工作所有有形、无形的支援,让我们在"绝望"的时候坚持下来,感谢你懂我们工作当中的"苦"。感谢你给我们的醍醐灌顶般的工作方式的建议,以及对我们工作的优化和调整。

感谢杜运洪、孙雪、李宁、杜康乐、张爱芹等人无论风雨,跟随方兴东博士摄制"互联网口述历史",是你们的拍摄、录制工作,为我们及时留下了斑斓的互联网精彩。同样感谢你们的身兼数职、分身有术,牺牲了那么多的假日。

感谢钟布、李颖,为"互联网口述历史"的国际访谈做了重要补充。

感谢范媛媛,在"互联网口述历史"国际访谈方面,起到特殊的、重要的联络与对接作用。

感谢"互联网实验室文库"图书编辑部的刘伟、

杜康乐、李宇泽、袁欢、魏晨等人，感谢你们耐住枯燥乏味，一次次的认真和任劳任怨，较真死磕和无比耐心细致的工作精神，并且始终默默无怨言。

在"互联网口述历史"的整理过程中，同样要感谢编辑部之外的一些力量，他们是何远琼、香玉、刘乃清、赵毅、冉孟灵、王帆、雷宁、郭丹曦、顾宇辰、王天阳等人，感谢你们的认真、负责，为"互联网实验室文库"添砖加瓦。

感谢互联网实验室、博客中国的高忆宁、徐玉蓉、张静等人，感谢你们给予编辑部门的绝对支持和无限理解。

感谢许剑秋，感谢你对"互联网口述历史"项目贡献的智慧与热情，以及独到、细致的统筹与策划。

感谢田涛、叶爱民、熊澄宇等几位老师，感谢你们对我们的指导和建议，感谢你们在"互联网口述历史"项目上所付出的努力。

致 谢

感谢中国互联网协会前副秘书长孙永革老师帮助我们所做的部分史实的修正及建议。

感谢薛芳,感谢你以记者一贯的敏锐和独到,为"互联网口述历史"提供了难得的补充。

感谢汕头大学的梁超、原明明、达马(Dharma Adhikari)几位老师,以及张裕、应悦、罗焕林、刘梦婕、程子姣同学为"互联网口述历史"国际访谈的转录和翻译做了大量的辛苦工作;感谢范东升院长、毛良斌院长、钟宇欢的协调与帮助。

感谢李萍、华芳、杨晓晶、马兰芳、严峰、李国盛、马杰、田峰律师、杨霞、红梅、中岛、李树波、陈帅、唐旭行、冉启升、李江、孙海鲤、韩捷(小巴)等对我们所做工作的鼎力支持与支援。

感谢电子工业出版社的刘九如总编辑、刘声峰编辑、黄菲编辑、高莹莹老师,感谢你们为丛书贡献了绝对的激情、关注、真诚,以及在出版过程中那些细枝末节的温情的相助。

感谢博客中国市场部的任喜霞、于金琳、吴雪琴、崔时雨、索新怡等人对"互联网实验室文库"的支持，以及有效的推广工作。

在项目不同程度的推进过程中，同时感谢出版界的其他同仁，他们是东方出版社的龚雪，中信国学的马浩楠，中华书局的胡香玉，凤凰联动的一航，长江时代的刘浩冰，中信出版社的潘岳、蒋永军、曹萌瑶，生活·读书·新知三联书店的朱利国，商务印书馆的周洪波、范海燕，机械工业出版社的周中华、李华君，图灵公司的武卫东、傅志红，石油工业出版社的王昕，人民邮电出版社的杨帆，电子工业出版社的吴源，北京交通大学出版社的孙秀翠，中国发展出版社的马英华等人，感谢你们给予"互联网口述历史"的支持、关心、惦记和建议。

感谢腾讯文化频道的王姝蕲、张宁，感谢你们对

致 谢

"互联网实验室文库"的支持。

感谢中央网信办、中国互联网协会、首都互联网协会、汕头大学新闻与传播学院、汕头大学国际互联网研究院、浙江传媒学院互联网与社会研究中心等机构的大力支持。

在编辑整理"互联网口述历史"的过程中,我们同时参考了大量的文献资料,在此向各文献作者表示衷心的感谢。你们每次扎实、客观的记录,都有意义。

感谢众多在"口述历史""记忆研究"领域有所建树和继续摸索的前辈老师,感谢与"口述历史""记忆",以及历史学、社会学、档案学、心理学等领域相关的论文、图书的众多作者、译者、出版方,是你们让我们有了更便利的学习、补习方式,有了更扎实的理论基础,让我们能够站在巨人的肩膀上看得更远,走得更远。感谢你们对我们不同程度的启发和帮助。

感谢崔永元口述历史研究中心的同仁,感谢温州大学口述历史研究所的公众号及杨祥银博士，感谢你们对"互联网口述历史"的关注和关心。

感谢陈定炜（TAN Tin Wee），全吉男（Kilnam Chon），中欧数字协会的鲁乙己（Luigi Gambardella）与焦钰，Diplo 基金会的 Jovan Kurbalija 与 Dragana Markovski，计算机历史博物馆的戈登·贝尔（Gordon Bell）与马克·韦伯（Marc Weber），以及世界经济论坛的鲁子龙（Danil Kerimi），IT for Change 的安妮塔（Anita Gurumurthy）等人为"互联网口述历史"项目推荐和联络口述者，为我们提供了更多采访海外互联网先锋的机会。

感谢田溯宁、毛伟、刘东、李晓东、张亚勤、杨致远等人，深深感谢"互联网口述历史"已访谈和将访谈的，曾为中国互联网做出贡献和继续做贡献的精英与豪杰们，是你们让互联网的"故事"和发展更加精彩，也让我们的"互联网口述历史"能有机会记录

致 谢

这份精彩。

"互联网口述历史"的感谢名单是列不完的,因为它的背后有庞大的人群为我们做支持,提供帮助,给建议。

感谢你们!

互联网口述历史：人类新文明缔造者群像

"互联网口述历史"工程选取对中国与全球信息领域全程发展有特殊贡献的人物，通过深度访谈，多层次、全景式反映中国信息化发生、发展和全球崛起的真实全貌。该工程由方兴东博士自 2007 年开始启动耕作，经过十年断断续续的摸索和收集，目前已初现雏形。

"口述历史"是一种搜集历史的途径，该类历史资料源自人的记忆。搜集方式是通过传统的笔录、录音和录影等技术手段，记录历史事件当事人或目击者的回忆而保存的口述凭证。收集所得的口头资料，后与文字档案、文献史料等核实，整理成文字稿。我们将对互联网这段刚刚发生的历史的人与事、真实与细节，进行勤勤恳恳、扎扎实实的记录和挖掘。

"互联网口述历史"既是已经发生的历史，也是正在进行的当代史，更是引领人类的未来史；既是生动鲜活的个人史，也是开拓创新的企业史，更是波澜壮阔的时代史。他们是一群将人类从工业文明带入信息文明的时代英雄！这些关键人物，他们以个人独特的能动性和创造性，在人类发展关键历程的重大关键时刻，曾经发挥了不可替代的关键作用，真正改变了人类文明的进程。他们身上所呈现的价值观和独特气质，正是引领人类走向更加开阔的未来的最宝贵财富。

尼葛洛庞帝曾这样对方兴东说："你做的口述历史这项工作非常有意义。因为互联网历史的创造者，现在往往并不知道自己所做的事情有多么伟大，而我们的社会，现在也不知道这些人做的事情有多么伟大。"

我们希望将各层面核心亲历者的口述做成中国和

全球互联网浪潮最全面、最丰富、最鲜活的第一手材料，作为互联网历史的原始素材，全方位展示互联网的发展历程和未来走向。

我们的定位：展现人类新文明缔造者群像，启迪世界互联新未来。

我们的理念：历史都是由人民群众创造的，但是往往是由少数人开始的。由互联网驱动的这场人类新文明浪潮就是如此，我们通过挖掘在历史关键时刻起到关键作用的关键人物，展现时代的精神和气质，呈现新时代的价值观和使命感，引领人类每一个人更好地进入网络时代。

我们的使命：发现历史进程背后的伟大，发掘伟大背后的历史真相！

"互联网口述历史"现场,李开复与方兴东。

(摄于 2015 年 10 月 17 日)

"互联网口述历史"现场,杨宁与方兴东。

(摄于 2015 年 11 月 30 日)

"互联网口述历史"现场,刘强东与方兴东、赵婕。

(摄于 2015 年 12 月 13 日)

"互联网口述历史"现场,倪光南与方兴东。

(摄于 2015 年 6 月 28 日)

"互联网口述历史"现场,张朝阳与方兴东。

(摄于 2014 年 1 月 12 日)

"互联网口述历史"现场,周鸿祎与方兴东。

(摄于 2013 年 10 月 1 日)

"互联网口述历史"现场,吴伯凡与方兴东。

(摄于 2010 年 9 月 16 日)

"互联网口述历史"现场,田溯宁与方兴东。

(摄于 2014 年 1 月 28 日)

"互联网口述历史"现场,陈彤与方兴东。

(摄于 2010 年 8 月 21 日)

"互联网口述历史"现场,钱华林与方兴东。

(摄于 2014 年 1 月 27 日)

"互联网口述历史"现场,刘九如与方兴东。

(摄于 2014 年 3 月 13 日)

"互联网口述历史"现场,张树新与方兴东。

(摄于 2014 年 2 月 17 日)

"互联网口述历史"访谈后合影,拉里·罗伯茨(Larry Roberts)与方兴东。

(摄于 2017 年 8 月 3 日)

致互联网实验室:

很棒的采访,精心设计的问题。

与你们见面很开心。

——拉里·罗伯茨

"互联网口述历史"访谈后合影,伦纳德·罗兰罗克(Leonard Kleinrock)与方兴东。

(摄于2017年8月5日)

"互联网口述历史"是一个很棒的项目,很开心能参与其中。将历史与技术专业融合探索是了解互联网历史的最好方法。你们的采访轻松但深刻,很棒。

祝顺!

——伦纳德·罗兰罗克

"互联网口述历史"访谈后合影,温顿·瑟夫(Vint Cerf)与方兴东。

(摄于 2017 年 8 月 7 日)

I enjoyed reliving the story of The Internet. There is much more to tell!

8/7/2017

十分享受重温互联网故事的过程。意犹未尽!

——温顿·瑟夫

"互联网口述历史"访谈后鲍勃·卡恩(Bob Kahn)签名。

(摄于 2017 年 8 月 28 日)

希望你们的口述历史项目一切顺利。十分开心可以参与其中。

——鲍勃·卡恩

"互联网口述历史"访谈后合影,斯蒂芬·克罗克(Stephen Croker)与方兴东。

(摄于 2017 年 8 月 8 日)

> What an impressive and expensive project! I applaud the magnitude and thoroughness of your preparation and effort. I look forward to seeing the results
> Steve Crocker
> August 8, 2017

一个令人印象深刻的项目。你们严谨而深入的前期准备和努力,值得赞许。期待看到你们的项目成果。

——斯蒂芬·克罗克

"互联网口述历史"访谈后合影,斯蒂芬·沃夫(Stephen Wolff)与方兴东。

(摄于2017年8月10日)

> You have embarked on an extraordinary voyage of learning and understanding of the Internet, its origins, and its future(s). I am grateful for the opportunity to contribute, wish you well in your endeavor, and hope to see the outcome of your diligence.
>
> —Stephen Wolff
> 2017·08·10

你们已经踏上了一条学习和了解互联网,探索其起源和未来发展的非同寻常之旅。十分感谢有机会能够贡献自己的一份力量。祝愿你们的项目进展顺利,期待早日看到你们的工作成果。

——斯蒂芬·沃夫

"互联网口述历史"访谈现场,维纳·措恩(Werner Zorn)接受提问。

(摄于 2017 年 12 月 5 日)

I strongly believe in a good and prosperous cooperation between the Chinese Internauts and the western collegues friends and competitors towards an open and florishing Internet
Wuzhen, Dec 5, 2017
Werner Zorn

我坚信中国互联网参与者与西方同仁、伙伴和竞争者之间友好繁荣的合作会带来一个开放和蓬勃发展的互联网。

——维纳·措恩

"互联网口述历史"访谈现场,路易斯·普赞(Louis Pouzin)接受提问。

(摄于 2017 年 12 月 19 日)

> Internet and all its neccessors (new internets) are a nervous system providing control and communications between live and mechanical systems of the world. As any complex systems they must be designed by experts, and repaired when they do not work to satisfaction. They are part of our life, and we should endeavour to put our expertise to make them safe at efficient.
>
> Louis Pouzin
> 19.12.2017

互联网及其所有继任者(新互联网)是一个神经系统,为世界的生命系统和机械系统提供控制和交流的平台。与任何复杂的系统一样,它们须由专家设计,并在其工作不畅时及时进行修复。它们是我们生活的一部分,我们理应倾注我们的力量使其更加安全和高效。

——路易斯·普赞

"互联网口述历史"访谈现场,全吉男(Chon Kilnam)接受提问。

(摄于 2017 年 12 月 5 日)

> Hope you can come up with good interviews with collaboration of others in Asia, North America, Europe, and others. Let me know if you need any support on this matter. Good luck on this important topics.
>
> 2017.12.5
> Chon Kilnam
> 全 吉 男

希望你们与亚洲、北美洲、欧洲及其他地区的人能够合作进行更多优秀的采访。如果需要我的支持,请与我联系。预祝项目进展顺利。

——全吉男

(因版面有限,仅做部分照片展示。感谢您的关注!所有照片及资料受版权保护,未经授权不得转载、翻拍或用于其他用途。)

互联网实验室文库
21世纪的走向未来丛书

我们正处于互联网革命爆发期的震中,正处于人类网络文明新浪潮最湍急的中央。人类全新的网络时代正因为互联网的全球普及而迅速成为现实。网络时代不再仅是体现在概念、理论或者少数群体中,而是体现在每个普通人生活方式的急剧改变之中。互联网超越了技术、产业和商业,极大拓展和推动了人类在自由、平等、开放、共享、创新等人类自我追求与解放方面的新高度,构成了一部波澜壮阔的人类社会创新史和新文明革命史!

过去20年，互联网是中国崛起的催化剂；未来20年，互联网更将成为中国崛起的主战场。互联网催化之下全民爆发的互联网精神和全民爆发的创业精神，两股力量相辅相成，相互促进，自下而上呼应了改革开放的大潮，助力并成就了中国崛起。互联网成为中国社会与民众最大的赋能者！可以说，互联网是为中国准备的，因为有了互联网，21世纪才属于中国。

互联网给中国最大的价值与意义在于内在价值观和文明观，就是崇尚自由、平等、开放、创新、共享等内核的互联网精神，也就是自下而上赋予每个普通人以更多的力量：获取信息的力量，参政议政的力量，发表和传播的力量，交流和沟通的力量，社会交往的力量，商业机会的力量，创造与创业的力量，爱好与兴趣的力量，甚至是娱乐的力量。通过互联网，每个人，尤其是弱势群体，以最低成本、最大效果地拥有了更强大的力量。这就是互联网精神的革命性所在。互联网精神通过博客、微博和微信等的普及，得以在中国全面引爆开来!

如今,中国已经成为互联网大国,也即将成为世界的互联网创新中心。从应用和产业层面,互联网已经步入"后美国时代"。但是目前互联网新思想依然是以美国为中心。美国是互联网的发源地,是互联网创新的全球中心,美国互联网"思想市场"的活跃程度迄今依然令人叹服。各种最新著作的引进使我们与世界越来越同步,成为助力中国互联网和社会发展的重要养料。而今天中国对于网络文明灵魂——互联网精神的贡献依然微不足道!文化的创新和变革已经成为中国互联网革命非常大的障碍和敌人,一场中国网络时代的新启蒙运动已经迫在眉睫。"互联网实验室文库"的应运而生,目标就是打造"21世纪的走向未来丛书",打造中国互联网领域文化创新和原创性思想的第一品牌。

互联网对于美国的价值与互联网对于中国的价

值，有共同之处，更有不同。互联网对于美国，更多是技术创新的突破和社会进步的催化；而在中国，互联网对于整个中国社会的平等化进程的推动和特权力量的消解，是前所未有的，社会变革意义空前！所以，研究互联网如何推动中国社会发展，成为"互联网实验室文库"的出发点。文库坚持"以互联网精神为本"和"全球互联，中国思想"为宗旨，以全球视野，着眼下一个十年中国互联网发展，期望为中国网络强国时代的到来谏言、预言和代言！互联网作为一种新的文明、新的文化、新的价值观，为中国崛起提供了无与伦比的动力。未来，中国也必将为全球的互联网文化贡献自己的一份力量！

"互联网实验室文库"得到了中国互联网协会、首都互联网协会、汕头大学国际互联网研究院、数字论坛和浙江传媒学院互联网与社会研究中心等机构的鼎力支持。因为我们共同相信，打造"21世纪的走向未来丛书"是一项长期的事业。我们相信，中国互联网思想在全球崛起也不是遥不可及，经过大家的努力，中国为全球互联网创新做出贡献的时刻已经到来，中国为全球互联网精神和互联网文化做出贡献的时刻也即将开始。我们相信，随着互联网精神大众化浪潮在中国的不断深入，让13亿人通过互联网实现中华民族的伟大复兴不再是梦想！让全世界75亿人全部上网，进入网络时代，也一定能够实现。而在这一伟大的历程中，中国必将扮演主要角色。

互联网实验室创始人、丛书主编　方兴东

注 释

[1] 编注：中国计算机学会（CCF），成立于 1962 年，是中国计算机科学与技术领域群众性学术团体，属一级学会，独立法人单位，是中国科学技术协会的成员。

[2] 编注：中国互联网络信息中心（China Internet Network Information Center, CNNIC）是经国家主管部门批准，于 1997 年 6 月 3 日组建的管理和服务机构，行使国家互联网络信息中心的职责。作为中国信息社会基础设施的建设者和运行者，CNNIC 以"为我国互联网络用户提供服务，促进我国互联网络健康、有序发展"为宗旨，负责管理维护中国互联网地址系统，引领中国互联网地址行业发展，权威发布中国互联网统计信息，代表中国参与国际互联网社群。

[3] 编注：中国互联网协会成立于 2001 年 5 月 25 日，由国内从事互联网行业的网络运营商、服务提供商、设备制造商、系统集成商及科研、教育机构等 70 多家单位共同发起成立，是由中国互联网行业及与互联网相关的企事业单位自愿结成的行业性的、全国性的、非营利性的社会组织，现有会员 400 多个。协会的业务主管单位是工业和信息化部。

4 编注：信息社会世界高峰会议（World Summit on the Information Society，WSIS）是一次各国领导人最高级别的会议，与会的领导人致力于利用信息与通信技术的数字革命的潜能造福人类。峰会是一个广泛接纳利益相关方参与的进程，其中包括政府、政府间和非政府组织、私营部门和民间团体。

5 编注：互联网名人堂，又译网络名人堂（Internet Hall of Fame），始于 2012 年的国际互联网领域的荣誉奖项，由国际互联网协会（ISOC）进行提名征选，以表彰对互联网的发展做出伟大贡献的人物。

6 编注：亚伦·斯沃茨（Aaron Swartz），生于 1986 年 11 月 8 日，年少成名的计算机天才，因涉嫌非法侵入麻省理工学院（MIT）和 JSTOR（全称 Journal Storage，存储学术期刊的在线系统）被指控。2013 年 1 月 11 日，该案正在认罪辩诉阶段时，亚伦·斯沃茨却在其寓所内用一根皮带上吊自杀。

7 编注：2013 年 6 月，国际互联网协会（ISOC）公布的"互联网名人堂"名单里就有亚伦·斯沃茨。

8 编注：谷歌的"数字图书馆计划"可以追溯到 2004 年，当时谷歌与美国纽约公共图书馆、哈佛大学图书馆、斯坦福大学图书馆、牛津大学图书馆等多家大型图书馆达成协议，通过扫描将馆藏的纸质书籍数字化上传至 Google Books，借此打造全球最大的图书库，从而实现公共资源的最大化利用。

9 编注：互联网实验室（ChinaLabs），由方兴东、王俊秀创立于 1999 年 8 月，是中国第一家具有全球视野和全球影响力的互联网智库和创业孵化器，全程见证并参与了中国互联网的发展和繁荣。十多年来，互联网实验室立足于中国互联网和高科技领域，以富有前瞻性和洞察力的研究为核心,形成了由研究、咨询、活动、数据及孵化等构成的业务体系,服务经验丰富,独具行业影响力。

[10] 编注:中国科学院计算技术研究所(Institute of Computing Technology, ICT)创建于1956年,是中国第一个专门从事计算机科学技术综合性研究的学术机构。

[11] 编注:中国科学院(Chinese Academy of Sciences)是中国在科学技术方面的最高学术机构和中国自然科学与高新技术的综合研究与发展中心。

[12] 编注:中国科学技术协会(CAST)是中国科学技术工作者的群众组织,由全国学会、协会、研究会和地方科协组成,组织系统横向跨越绝大部分自然科学学科和产业部门,是一个具有较大覆盖面的网络型学术组织体系。

[13] 编注:1989年8月26日,经过国家计委组织的世界银行贷款"NCFC"项目论证评标组的论证,中国科学院被确定为该项目的实施单位。同年11月组成了"NCFC"(中国国家计算机与网络设施,The National Computing and Networking Facility of China)联合设计组。"NCFC"是国内第一个示范网络。

[14] 编注:张寿,生于1930年,江苏常熟人。曾任上海交通大学工程物理系副主任、船舶制造系主任、第一副校长,国家计委副主任兼国家信息中心主任,中国船舶工业总公司总经理等。逝于2001年10月1日。

[15] 编注:周光召,1929年5月生,湖南宁乡人,著名科学家。曾任中国科学院院长、党组书记,中国物理学会副理事长,中国国际交流协会副会长,中国科学技术协会常务理事、副主席,中国国际科技促进会副会长,国家科技领导小组成员等。

16 编注：北京谱仪（BES）是一台大型通用探测器，安放在 BEPC 存储环南端的对撞区，正、负电子束流在谱仪中心发生对撞，是我国自行设计和研制的大型粒子物理实验装置，由多种子探测器组合而成。

17 编注：X.25 是一个使用电话或者 ISDN 设备作为网络硬件设备来架构广域网的 ITU-T 网络协议，是第一个面向连接的网络，也是第一个公共数据网络。在国际上 X.25 的提供者通常称 X.25 为分组交换网（Packet Switched Network），尤其是那些国营的电话公司。它们的复合网络从 20 世纪 80 年代到 90 年代覆盖全球，现仍然应用于交易系统中。

18 编注：指"NCFC"项目。

19 编注：朱开轩，1932 年 11 月生，上海金山人，高级工程师，曾任中纪委驻国家教委纪检组组长，国家教委主任等职。

20 编注：梁尤能，1935 年 4 月生，四川达县人，曾任清华大学副校长、常务副校长等职。

21 编注：张兴华，1938 年 12 月生，曾任中国互联网信息中心工作委员会委员，中国中文信息学会常务理事，中国计算机学会科普工作委员会副主任，中国机器学习学会理事，北京大学计算中心主任、教授。

22 编注：宁玉田，1938 年 9 月生，研究员，曾任中科院技术科学与开发局总工程师，中国科学院计算机网络中心主任等职。

23 编注：冀复生，科技专家，曾任《信息技术快报》执行主编，原中国驻联合国科技参赞，科技部（科委）高技术司司长。

24 编注：师昌绪，1920 年 11 月生于河北省徐水县（现为徐水区），材料科学家，曾任金属研究所所长，中国科学院技术科学部主任，国家自然科学基金委员会副主任，中国工程院副院长等职。逝于 2014 年 11 月 10 日。

注 释

[25] 编注：陈佳洱，1934年10月生，上海市人，中国科学院院士，第三世界科学院院士，教育家，加速器物理学家，曾任北京大学校长，国家自然科学基金委员会主任、党组书记等职。

[26] 编注：朱高峰，1935年5月生，中国工程院院士，通信技术与管理专家，曾任邮电部副部长，中国通信标准化协会理事长等职。

[27] 编注：斯蒂芬·戈德斯坦（Steven Goldstein），文中事件发生时，担任美国国家科学基金会（NSF）国际连接负责人。

[28] 编注：钱华林，1940年12月生，中国科学院计算机网络信息中心研究员，早期从事计算机体系结构研究和整机的研制，是中国互联网重要的开创者之一。

[29] 编注：宋健，1931年12月生，山东威海市荣成人，博士，研究员，曾任国家科委主任、党组书记，国务委员等职。

[30] 编注：中美双方根据《中美科技合作协定》成立的中美科技合作机制，每两年在两国轮流举行一次，成立于1980年。

[31] 编注：《中美科技合作协定》。

[32] 编注：尼尔·莱恩（Neal Lane）。

[33] 编注：斯蒂芬·沃夫（Stephen Wolff）。

[34] 编注：维纳·措恩（Werner Zorn）。1987年9月20日，他帮助中国从北京向海外发出中国的第一封电子邮件。电子邮件的内容为"Across the Great Wall we can reach every corner in the world"（越过长城，走向世界）。

[35] 编注：NSF是美国国家科学基金会National Science Foundation的缩写。

美国独立的联邦机构,成立于 1950 年。任务是通过对基础研究计划的资助,改进科学教育,发展科学信息和增进国际科学合作等办法促进美国科学的发展。

36 编注:李俊,1973 年 6 月生于安徽省寿县,博士,副教授,曾任国家 863 计划信息领域"高性能宽带信息网"重大专项应用支撑环境任务组专家,网络信息中心副主任,中国科技网网络中心主任。中国第一台路由器开发者。

37 来源:"互联网实验室"资料,采访于 2007 年 2 月 14 日。

38 编注:温特·瑟夫(Vint Cerf,又译文顿·瑟夫),他是互联网基础协议 TCP/IP 协议和互联网架构联合设计者之一,是 Internet 奠基团队的成员,被称为"互联网之父",曾任 Google 副总裁。

39 来源:潘天翠:《互联网:改变中国知多少——专访中国互联网协会理事长、工程院院士胡启恒》,《对外传播》2008 年第 12 期。

40 编注:王运丰,著名的武器专家,曾任欧美同学会副会长,中华洪堡学者协会会长。中国互联网的先行者。逝于 1997 年 4 月 29 日。

41 编注:指 1987 年中国发出的"跨越长城,走向世界"邮件。

42 编注:卡尔斯鲁厄大学(Universitaet Karlsruhe)。

43 编注:PC(Personal Computer),个人计算机。

44 编注:吴为民,男,1943 年生,华裔物理学家,毕业于上海复旦大学核物理学专业。美国费米国家实验室研究员,曾任中国科学院高能物理研究所 ALEPH 组组长,北京正负电子对撞机研究室副主任。参加过第一颗中国原子弹的研制,第一颗中国人造卫星的发射。北京正负电子对撞工程的学术骨干之一。

注 释

45 编注：欧洲核子研究组织（European Organisation for Nuclear Research），通常被简称为 CERN，是世界上最大型的粒子物理学实验室，也是全球资讯网的发祥地。

46 编注：钱天白，1945 年生于江苏无锡，工程师，互联网专家。1990 年 11 月 28 日，代表中国正式在国际互联网络信息中心（InterNIC）的前身 DDN－NIC 注册登记了我国的顶级域名 CN。1994 年 5 月 21 日，在钱天白和德国卡尔斯鲁厄大学的协助下，中国科学院计算机网络信息中心完成了中国国家顶级域名（CN）服务器的设置，域名服务器从德国移回国内，结束了中国的 CN 顶级域名服务器一度放在国外的历史。钱天白于 1998 年 5 月 8 日在香山公园突发心脏病逝世。

47 编注：.CN，互联网国家和地区顶级域名中代表中国的域名，中国互联网络信息中心（CNNIC）是 CN 域名注册管理机构，负责运行和管理相应的 CN 域名系统，维护中央数据库。

48 编注：详见"链接"。

49 编注：亚太互联网络信息中心（Asia-Pacific Network Information Centre，APNIC）。

50 编注：中国科学院计算机网络信息中心（Computer Network Information Center，CNIC）是中国科学院下属的科研事业单位，成立于 1995 年 3 月。主要从事中国科学院信息化建设、运行与支撑服务，以及计算机网络技术、数据库技术和科学工程计算的研究与开发。由国家授权负责中国互联网络信息中心（CNNIC）的运行与管理。

51 编注：毛伟，1968 年 1 月出生，毕业于中国科学院计算技术研究所。曾任 CNNIC 主任、中科院计算机网络信息中心网络信息技术研究室主任等。

52 编注：每年365天、每天24小时，全年工作，随时服务。

53 编注：胡启立，1929年10月生，陕西榆林人，曾任机械电子工业部副部长，电子工业部部长，全国政协副主席等职。

54 编注：吕新奎，1940年9月生，江苏无锡人，曾任中国电子总公司副总经理，电子部副部长兼国家信息化联席会议办公室主任，信息产业部前副部长，CETC（中国电子科技集团）主要创始人。

55 编注：何德全，1933年生，中国工程院院士，曾获国家发明二等奖1项，国家科技进步三等奖1项，作为第一完成人获部省级科技进步奖10项。

56 编注：曲成义，研究员，著名信息安全专家，中国航天工程咨询中心科技委员，曾任中国航天科技集团710所总工程师。

57 编注：王行刚，我国第一台电子计算机（103机）等5台早期计算机的研制者，是我国计算机网络的先行者，早在20世纪70年代中后期，其就开始从最基础的计算机网络原理方面开展研究。著有《计算机网络原理》一书，1987年出版发行。王行刚逝于2008年5月22日。

58 编注：中华人民共和国工业和信息化部（简称工业和信息化部、工信部）。

59 编注：国务院信息化工作办公室。

60 编注：乔恩·波斯泰尔（Jon Postel，又译乔恩·波斯特），生于1943年8月。发明互联网的功臣之一，网络协议发明大师，IANA（互联网编号分配机构）创始人，逝于1998年10月16日。

61 编注：ICANN（The Internet Corporation for Assigned Names and Numbers），互联网名称与数字地址分配机构，是一个非营利性的国际

组织，成立于 1998 年 10 月。

[62] 编注：国际互联网协会（Internet Society，ISOC），成立于 1992 年 1 月。创立者希望通过成立一个全球性的互联网组织，使其能够在推动互联网全球化，加快网络互联技术、应用软件发展，提高互联网普及率等方面发挥重要的作用。

[63] 编注：IETF 是互联网工程任务组（Internet Engineering Task Force）的简写。IETF 又叫互联网工程任务组，成立于 1985 年年底，是全球互联网最具权威的技术标准化组织，主要任务是负责互联网相关技术规范的研发和制定，当前的国际互联网技术标准出自 IETF。

[64] 编注：指 1987 年中国发出的"跨越长城，走向世界"邮件。

[65] 编注：许榕生，福州人。中国科学院高能物理研究所计算中心研究员、博士生导师，网络安全实验室首席科学家。曾任国家计算机网络入侵防范中心首席科学家。是中国最早向大众传播和介绍互联网知识的人之一，并开设了中国第一个 Web 网站——中国之窗。

[66] 编注：张树新，女，出生于 1963 年 7 月，辽宁抚顺人，毕业于中国科技大学应用化学系。于 1995 年 5 月创建了瀛海威信息通信有限责任公司的前身北京科技有限责任公司并担任总裁。被称为"中国信息行业的开拓者"。

[67] 编注：瀛海威信息通信有限责任公司，前身为北京科技有限责任公司，成立于 1995 年 5 月，公司总经理为张树新，出资人为张树新和她的丈夫姜作贤。公司最初的业务是代销美国 PC 机，张树新到美国考察时接触到互联网，回国后即着手从事互联网业务，瀛海威由此而诞生。曾经是中国互联网行业的领跑者，后因企业经营策略等问题而逐渐衰落。

[68] 编注：张朝阳，1964 年 10 月生，陕西省西安市人，搜狐公司董事局

主席兼首席执行官。

69 编注：田溯宁，1963年生于北京，曾任亚信股份公司总裁，网通集团上市公司副董事长等职。

70 编注：李彦宏，1968年11月生，山西阳泉人，百度公司董事长兼首席执行官。

71 编注：丁磊，生于1971年10月，宁波人，网易公司创始人兼首席执行官。

72 编注：马云，1964年10月出生于浙江省杭州市，阿里巴巴集团、淘宝网、支付宝创始人。

73 编注：马化腾，1971年10月出生，广东汕头潮南区人，毕业于深圳大学计算机系，腾讯公司主要创办人之一，董事会主席、执行董事兼首席执行官。

74 来源：潘天翠：《互联网：改变中国知多少——专访中国互联网协会理事长、工程院院士胡启恒》，《对外传播》2008年第12期。

75 编注：吴基传，1937年10月生，湖南常宁人，北京邮电学院有线电通信工程系电话电报通信专业毕业，教授级高级工程师，曾任邮电部部长、党组书记，信息产业部部长、党组书记等职。

76 编注：吴建平，生于1953年10月。清华大学计算机科学与技术系教授，博士生导师，清华大学信息网络工程研究中心主任，中国教育和科研计算机网（CERNET）专家委员会主任、网络中心主任等职。

77 编注：张玉台，1945年9月生，山东郯城人，曾任中国科学院副秘书长兼中国科学院学部联合办公室主任、中国科学技术协会党组书记等职。

78 编注：黄澄清，曾任邮电部办公厅副处级秘书，中国工程院办公厅处

注 释

长，信息产业部电信管理局处长，中国互联网协会常务理事、秘书长等职。

79 编注：邬贺铨，1943 年 1 月出生于广东省广州市，广东番禺人。光纤传送网与宽带信息网专家，曾任信息产业部电信科学技术研究院副院长兼总工程师、大唐电信集团副总裁等。是国内最早从事数字通信技术研究的骨干之一。邬贺铨现任中国互联网协会理事长。

80 编注：卢卫，高级研究员，中国互联网协会秘书长。

81 编注：中国化工网创始人孙德良。

82 编注：兰德公司是美国最重要的以军事为主的综合性战略研究机构。

83 编注：J.C.R.立克莱德（J.C.R. Licklider，又译 J.C.R.立克里德）。1960 年，他发表了"人机共生关系"的构想。他设想了一个人与其合作伙伴（电子计算机）将携手共创合作型决策方式，认为人机联手的意义绝不仅限于工具对个体潜力的延伸，它实际上是试图打造一个人类智慧与工具优势和谐互动的平台，并以此将分散于世界各地、长期各自为战的"英雄"与"智者"的勇气和才华汇合一处。

84 编注：罗伯特·卡恩（Robert Elliot Kahn），生于 1938 年 12 月。美国计算机科学家。发明了 TCP 协议，并与温特·瑟夫一起发明了 IP 协议；这两个协议成为全世界互联网传输资料所用的最重要的技术。他也被称作"互联网之父"。

85 编注：3Q 大战，即腾讯、360 之争。双方为了各自的利益，从 2010 年到 2013 年，两家公司上演了一系列互联网之战。

86 编注：中国互联网协会牵头制定了《互联网终端软件服务行业自律公约》。

[87] 来源：人民网强国论坛，2013年8月8日，《胡启恒：中国互联网应与世界融合，好好练内功》。http://fangtan.people.com.cn/n/2013/0808/c147550-22496923.html.

[88] 来源：新华网，2009年11月2日，《胡启恒：网络的监督作用不可替代》。http://news.xinhuanet.com/internet/2009-11/02/content_12375181.htm.

[89] 来源：刘佳：《中国互联网诞生地》，《互联网周刊》2009年第20期。

[90] 来源："互联网实验室"资料，采访于2007年2月14日。

[91] 来源：冯丽妃，张雅琪：《中国互联网在开放中跨越——中国工程院院士胡启恒谈中国互联网发展20年》，《中国科学报》2014年8月22日第2版。

[92] 来源："互联网实验室"资料，采访于2007年2月14日。

[93] 来源：冯丽妃，张雅琪：《中国互联网在开放中跨越——中国工程院院士胡启恒谈中国互联网发展20年》，《中国科学报》2014年8月22日第2版。

[94] 来源："互联网实验室"资料，采访于2007年2月14日。

[95] 来源：王舒怀，徐丹，尹晓宇：《互联网"强"国 我们还有多远——专访中国互联网协会理事长、中国工程院院士胡启恒》，《人民日报》2010年12月7日第15版。

[96] 来源：中国互联网协会，2013年6月26日，《胡启恒理事长入选2013国际互联网名人堂》。http://www.isc.org.cn/zxzx/xhdt/listinfo-26559.html.

[97] 来源：中国教育和科研计算机网，2008年12月2日，《胡启恒：互联网的缘起及其在中国的早期发展》。http://www.edu.cn/li_lun_yj_1652/20081202/t20081202_344154.shtml.

项目资助名单

"互联网口述历史"(OHI)得到以下项目资助和支持：

国家社科基金重大项目

批准号：18ZDA319

项目名称：全球互联网 50 年发展历程、规律和趋势的口述史研究

国家社科基金一般项目

批准号：18BXW010

项目名称：全球史视野中的互联网史论研究

国家社科基金重大项目

批准号：17ZDA107

项目名称：总体国家安全观视野下的网络治理体系研究

教育部哲学社会科学研究重大课题攻关项目

批准号：17JZD032

项目名称：构建全球化互联网治理体系研究

国家自然科学基金重点项目

批准号：71232012

项目名称：基于并行分布策略的中国企业组织变革与
　　　　　文化融合机制研究

浙江省重点科技创新团队项目

计划编号：2011R50019

项目名称：网络媒体技术科技创新团队

未经许可,不得以任何方式复制或抄袭本书之部分或全部内容。版权所有,侵权必究。

图书在版编目(CIP)数据

光荣与梦想:互联网口述系列丛书.胡启恒篇 / 方兴东主编. —北京:电子工业出版社,2019.1
ISBN 978-7-121-33165-7

Ⅰ. ①光… Ⅱ. ①方… Ⅲ. ①互联网络—历史—世界 Ⅳ. ①TP393.4-091

中国版本图书馆 CIP 数据核字(2017)第 295725 号

出版统筹:刘九如
策划编辑:刘声峰(itsbest@phei.com.cn)
　　　　　黄　菲(fay3@phei.com.cn)
责任编辑:黄　菲　　特约编辑:刘广钦　刘红涛
印　　刷:涿州市京南印刷厂
装　　订:涿州市京南印刷厂
出版发行:电子工业出版社
　　　　　北京市海淀区万寿路 173 信箱　邮编：100036
开　　本：787×1 092　1/32　印张：8.125　字数：233 千字
版　　次：2019 年 1 月第 1 版
印　　次：2019 年 1 月第 1 次印刷
定　　价：58.00 元

凡所购买电子工业出版社图书有缺损问题,请向购买书店调换。若书店售缺,请与本社发行部联系,联系及邮购电话:(010) 88254888, 88258888。

质量投诉请发邮件至 zlts@phei.com.cn,盗版侵权举报请发邮件至 dbqq@phei.com.cn。

本书咨询联系方式：39852583(QQ)。

——互联网实验室文库——